行銷，不難！

點石成金

鍾紹華 著

FOREWORD 前言

行銷是企業賴以生存的命脈

一個成功的銷售行為，就是將商品售出，以期獲得商品所該有的利潤價值。然而，在銷售這一過程中，如果不得其法，就有可能面臨舉步維艱、進退失據的地步。

要如何才能在銷售過程中做到被消費者看見、被消費者接受、被消費者喜愛，最後達到被消費者擁有……的完美銷售行為呢？一般來說，暢銷商品成功的關鍵因素，除了繫於產品本身品質的優劣之外；更重要的，是產品的行銷包裝是否成功，這也正是商家一再探尋的重點所在。

95％的松露巧克力沒有松露，因為它賣的是造型、是噱頭，所以消費者依舊大方買單；快樂兒童餐到底讓誰買到了快樂？小朋友樂了，業者爽了，但父母卻不得不微笑買單；我集點，他集資。當你在苦惱要多買些什麼湊點數時，你就已是甕中之鱉——

眾多真實的行銷案例充斥著我們身邊，行銷不單單只是一種糖衣式的包裝，更是一種「衝動操控學」，它牽涉到業者自身的定位、對消費者的管理、以及掌握轉瞬即逝的商機。

點石成金！行銷，不難！筆者精選和總結全球經典的企業成功經營策略與成功的銷售技巧案例，讓人們明瞭成功的行銷是「從生活中來，又將回到生活中去」的這個不變真理。其中有的案例著重在銷售前期的醞釀，有的著重在銷售的全程策劃，有的則涉及企業的自我定位與經營策略，在在都不離此理，始終圍繞著企業視之為命脈的銷售行為與價值。

本書集百家之長，揉合成一家之精華，結合各大企業特色，對於想成功行銷自我或企業商品來說，無疑是不可多得的致勝法寶。

Chapter 1

行銷巧思，抓住消費者眼光

Chapter 3

創意經營，商機處處

Chapter 4 品牌形象是打造出來的

Chapter 5 產品定位，搶先嗅出商機

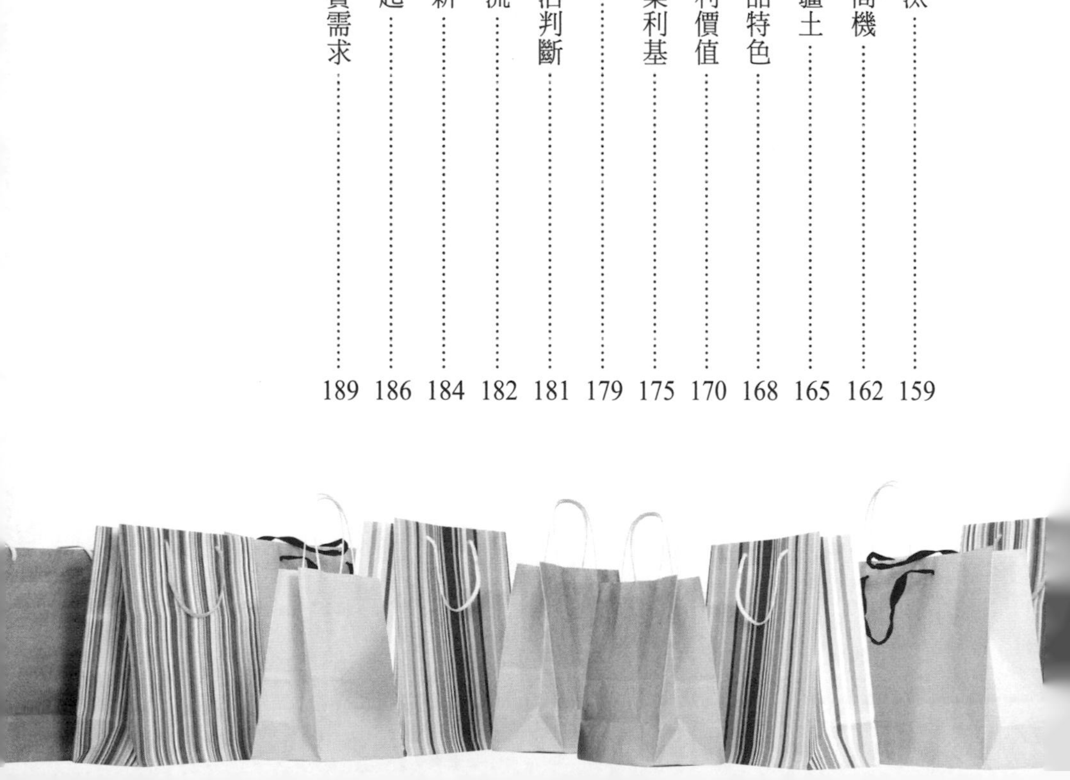

Chapter 6

名人加持魅力，廣告效果加乘

Chapter 7

抓準消費心理，激起購買慾

Chapter 1
行銷巧思，抓住消費者眼光

麥當勞和變形金剛要賣給消費者的究竟是什麼？產品的外在形象不僅是產品本身的延伸和具體化，更直接表現了產品所要營造出來的氛圍與附加價值，這些為消費者所帶來的愉悅和滿足，常常更甚於商品自身。而這些感受，就需要透過高明的行銷手段來傳遞給消費者知曉。

麥當勞成功塑造歡樂形象

麥當勞的成功，在於其為顧客著想的心以及成功塑造的形象。他成功的經營模式，成為眾多速食連鎖店借鏡的對象。為了方便顧客用餐，麥當勞速食連鎖店一律採取顧客「自助端餐盤」的形式。顧客只需排一次隊，便可將所點購的食品帶走。即使在生意最忙的時候，麥當勞也保證只需要一、兩分鐘，就能將熱氣騰騰的速食送到顧客手裡，門市裡也會盡量增設樓層與座位，確保客人有用餐的座位，而不需要額外的帶位服務人員。

另外，美國的高速公路四通八達，為了滿足出門在外的顧客所需，方便駕駛有個休息和吃飯的場所，麥當勞還在高速公路兩旁和郊區開設了許多分店，並且在距店面十來公尺的地方設置對講機，只要對著對講機報上所需餐點，等車開到小窗口，即可以一手交錢，一手取貨，是可馬上驅車上路的「得來速」服務。

為了讓顧客攜帶方便，他們會事先把賣給顧客的漢堡和炸薯條裝進盒中和紙袋，可以讓食物不致在車子行進間傾倒或溢出。甚至連飲料杯蓋也都預先劃好十字口，為顧客考慮得十分周到。

麥當勞處處為顧客著想，為了便於顧客辨認或尋找，他們的門面都是十分醒目和引人注意的。他們的方法，一是讓麥當勞的服務人員都穿上有明顯LOGO圖案的制服；二是讓麥當勞店門上都掛上耀眼的拱形「M」字霓虹燈商標，使慕名前來的顧客無須費太大的功夫就可找到麥當勞的位置。

除此之外，麥當勞速食連鎖店還以家庭消費為主，舉辦小朋友的生日派對、家庭聚餐……，希望每一個用餐者都有一種賓至如歸的感覺與美好的回憶。與其說越來越多的消費者去麥當勞是因為他們的漢堡好吃，更不如說是為了感受家庭生活和與朋友相聚的樂趣。麥當勞賣的已經不僅僅是麥香堡和薯條了，它還販賣了更多難以取代的歡樂與溫馨的感受。

高明設計，征服知名品牌

美國可口可樂瓶子的誕生，據說就是一段自我推銷的有趣插曲。

那是在一九二〇年左右，一個名叫羅特的年輕人，看到他女朋友穿著圓裙時所得到的靈感，於是創造了可口可樂的瓶子，這種瓶子至今仍廣為飲料製造者所使用。

當時，羅特對於自己設計的瓶子非常有信心，他畫了瓶子的素描到可口可樂公司去毛遂自薦。他在可口可樂公司裡，向對方說：「我所設計的這個瓶子，外觀非常漂亮，握住的地方也很穩，絕對不會滑落下來。」

但是可口可樂公司的負責人，卻以一種不屑的眼光看著他。數天之後，羅特拿著做好的實際瓶子和一個杯子，又來到可口可樂公司。出來傳話的職員依然以不屑一顧的神情望著他，但羅特不慌不忙地問眾人：「各位，你們知道這個瓶子和杯子的容量哪一個大嗎？」

大家不約而同地答道：「當然是瓶子的容量大些。」

等他們說完，羅特就將杯子的水倒入瓶子裡，結果杯裡的水卻無法全部裝進瓶子，多出的水從瓶口溢了出來。由此可以顯示羅特所設計瓶子的優點，它滿足了一般廠商希望在視覺效果上，看似份量多且視覺佳的完美要求。

於是針對羅特所設計的瓶子，可口可樂公司立刻召開了董事會，討論是否要用這種羅特設計的瓶子來裝可口可樂。沒過多久，可口可樂公司就決定與羅特簽訂了合約，他所設計的弧線型瓶子，也一直被沿用至今。

羅特能夠在獨排眾議的情況下，為自己賺取了一筆可觀的設計費，可說是完全以實物來影響對方的感覺所獲得的結果。

雜誌香頁廣告，聞得到商機

在美國，自從喬治奧公司以雜誌廣告上的「香頁」來做香水廣告後，已有十幾家廠家仿傚，讓從一九八〇年不斷下跌的香水銷量轉為呈現上升的趨勢。

這些香頁通常夾在婦女雜誌和家庭、裝飾之類的雜誌當中。其方法是在明信片大小的廣告頁上，鋪上許許多多的細微香油滴，再用特製的方法使油滴不會裂開溢出。撕開廣告，便有該品牌的香水飄散出來，調製的濃淡相宜，十分誘人。

香頁上印有幾百個經銷商的免付費電話，只要打電話過去訂購，香水就會寄送到消費者手上，而運費則計入到信用卡中。

用香頁宣傳香水的方法，使一些非香水行業也受到啟發。譬如勞斯萊斯汽車在《建築文摘》上也刊出了香頁廣告，香頁裡傳出的是該車車座上的真皮氣味。廣告刊出後，詢問勞斯萊斯汽車的電話增加了四倍之多。

這也說明了香頁市場的確具有一些潛在的銷售力量。雖然刊登香頁費用很貴，但香水的銷售統計顯示香頁廣告是成功的。這正如「夏巴市場」的化妝品及香水市場主任戴爾所說的：「香水生意的競爭很厲害，所以要把香氣直接送到人們的鼻子裡面。」

變形金剛橫掃市場，周邊商品大賣

當《變形金剛》裡的動畫角色在螢幕上變形、翻飛、打鬥時，成千上萬的兒童早已目不轉睛、無暇顧及其他了。看準這股動畫旋風，美國孩之寶（Hasbro，美國一家大型遊戲公司，也是全球第二大玩具生產商）跨國公司生產的變形金剛玩具，同樣也像北美大陸的颶風般，橫掃了兒童玩具市場。

與其說變形金剛有什麼超凡的魅力，不如說美國孩之寶公司的銷售服務功夫到家。

早在一九八六年，「孩之寶」的變形金剛在美國大賺十三億美元後，就開始在美國市場滯銷了，於是美國人瞄準了擁有三億兒童的中國市場。為了推銷變形金剛，美國孩之寶公司派人在中國進行了長達一年之久的市場調查，之後認為：中國兒童玩具市場很大，因為獨生子女的緣故，讓父母們捨得投資。因此，孩之寶公司做出結論：變形金剛這套玩具雖然價格高，但在中國的大城市仍然會有廣大的消費市場。

於是，孩之寶公司先將一套《變形金剛》動畫系列片免費送給廣州、上海、北京等大城市的電視台播放，這些便成了不花錢的廣告系列片。另外，《變形金剛》的內容充滿了熱情與幻想的種種元素，為孩子們帶來了啟發與樂趣，在眾多孩子的腦海中留下了深深的烙印，讓每個孩子無不著迷、並且想要擁有它們。

之後，變形金剛果然從螢幕上走下來，化成一件件精美的玩具商品。孩之寶公司將變形金剛的周邊商品再度投入中國市場，孩子們簡直像著了魔似的，紛紛央求父母購買「變形金剛」玩具，甚至還要再買兩本《變形金剛》的畫冊或文具。

明眼人在這場銷售策略中不難看到，售前服務與廣告行銷的重要性絕不亞於售後服務。孩之寶公司在售前經過仔細的市場調查，巧妙的以「電視片宣傳」為其產品的銷售鋪起一條平坦的大道，讓孩子們先對變形金剛著迷，再推出變形金剛的周邊商品，讓銷量大增，發揮事半功倍的效果。

多角化宣傳，爭取公平競爭

爭取到顧客就等於爭取到市場佔有率。也就是說，誰能擁有市場，誰就等於立於不敗之地。經營者想得到顧客，就要像虎口奪食般的去爭取他們，因此廣為宣傳、招攬顧客、擴大市場佔有率絕對是當務之急。

一九七〇年，京山英太郎興建了一座游泳池，這座游泳池位於京阪電氣化鐵路線牧野站前方，這是一座可以同時容納一萬人游泳、既巨大又豪華的游泳池。

然而，問題是就在牧野站靠大阪方向的前一站牧方站，已有一個由京阪電鐵自己經營的游泳池。對來自大阪的遊客來說，英太郎的游泳池比牧方站游泳池遠了一站。這還不是最大的問題，最傷腦筋的是，京阪電鐵毫不避諱的利用車上播音設備，大力為自己的泳池宣傳：「下一站是牧方站，牧方游泳池就在那裡。」於是，旅客自然而然接收到牧方游泳池的宣傳訊息，在牧方站下車。

京山英太郎感到問題的嚴重性。為了扭轉在地理上的劣勢，奪回被京阪電鐵拉走的旅客，唯一的辦法就是使遊客知道牧方站的下一站正是牧野，有一個比牧方站更好的游泳池。

為了達到這個目的，最有效、最簡捷的辦法就是在遊客最多的京阪電氣火車車站內多做廣告。倘若能夠做到這一點，那麼，即使車長一再廣播「下一站是牧方游泳池」，也會有人想到設備更新、服務更好的牧野遊泳池去看看。

可是，京阪電鐵當局拒絕接受牧野游泳池做車廂廣告，以免打擊到自家的生意。在走投無路的情況下，英太郎只好不惜砸下血本，親自帶領十二名職員，在一個星期天的傍晚，到達牧方站，發送牧野游泳池的免費入場券。

贈送免費入場券的效果，可說是立竿見影。從第二天開始，來牧野游泳池的人數立刻呈現直線上升。接著，英太郎也沒有放鬆他的行動速度，開始進行他的第二項計畫。第二個星期天，他繼續帶領職員，發送他的免費入場券給那些剛從牧方站泳池出來的泳客們。

這個戰術的效果非常理想，儘管京阪電鐵的車長聲嘶力竭的宣傳：「下一站是牧方游泳池！」但拿著牧野免費入場券遊客們大都充耳不聞，於是牧方游泳池的遊客銳減，而英太郎的游泳池則一時門庭若市，熱鬧非凡。

終於，京阪電鐵再也受不了，要求英太郎停止發放免費入場券的活動。英太郎想，如果此時提出車廂廣告的建議，對方仍會感到猶豫。於是，他絕口不提車廂廣告的事，改用漫天要價的手法，他說：「可以考慮你們的建議，但是希望你們今後不要在車內廣播『牧方游泳池』的詞句。如果無意改變播音內容，那麼，在車抵達牧野站前，希望也能替我們廣播一下，以示公允。」

對於這個建議，電鐵方面當然大搖其頭，哪有代替競爭對手做廣告宣傳的傻瓜呢？於是，英太郎此時裝出一臉委屈的神態說：「既然你們有困難，我也無意強人所難，但最低限度，你們應該同意讓我在車廂上做些廣告。」最後，京阪電鐵不得已只好接受了這個建議。從那之後，牧野遊泳池的泳客與日俱增，一年接近二十五萬人次，這個數字相當於整個夏季到富士山觀光的總人數。

英太郎採取緊迫盯人的辦法，毫不鬆懈的將宣傳廣告具體呈現在顧客眼前，並且要求公平競爭，最後戰勝了對手。

小心吃到「乳酪金幣」！

有位西方經濟學大師曾說過：「想發財是現代人最健康的心理。」有人對這具話只是聽聽罷了，但是有些人便會利用此一心理大做文章。立普頓便充分利用人們的這個心理而發了大財。

某年聖誕節，德國商人立普頓為了促銷代理的乳酪，就想到歐美流傳的一個說法：如果在聖誕節前後所吃到的蘋果裡面藏有一枚六便士的銅幣，明年將整年幸運。立普頓從中受到了極大的啟發，於是他從每五十塊乳酪中挑一塊，放進一枚一英鎊的金幣。

同時，立普頓又利用氫氣球在空中散發傳單，大造聲勢，以招攬更多的顧客。於是成千上萬的消費者在氣球的震撼與金幣的誘惑下，湧進了立普頓的乳酪經銷店，人們都想買到藏有金幣的乳酪。這跟一個在糖果上包一枚小便士的美國糖果商一樣，吸引了許多人，造成商品熱銷，帶來了鉅額利潤。

立普頓的成功遭到了競爭對手的忌妒，於是，他們向法院控告立普頓的做法有賭博的嫌疑。立普頓並沒有因為對手的抵制而退縮，反而以退為進，在各地經銷店張貼通知：「親愛的顧客，感謝大家愛用立普頓乳酪。但若發現乳酪中藏有金幣者，請將之退回，謝謝您的使用。立普頓乳酪敬啟。」

果然不出立普頓所料，消費者不但沒有退還金幣，反而在「乳酪金幣」的聲浪中踴躍前往購買。蘇格蘭法院也認為這純粹是娛樂活動，也不再加以干涉。

立普頓的競爭對手仍不肯罷休，又以食品安全理由要求法院加強取締這次危險活動。

當法院再度調查時，立普頓乳酪又在報紙上刊登了一大頁廣告：「法院又來一道命令，故請消費者在食用立普頓乳酪時，注意在裡面可能藏有一枚金幣，不可匆匆忙忙吞食，應十分謹慎小心，才不至誤吞金幣，造成危險。」

結果，反倒吸引了更多的消費者注意，上門購買。這次，就連競爭對手也毫無招架之力了。

立普頓巧施「連環計」，不僅讓競爭對手一籌莫展，更讓顧客難以抵擋誘惑，最後讓他的乳酪生意一路長紅，業績大幅提升。

亮眼行銷，創造無窮商機

在行銷界有一句流傳很廣的名言：「即使你所出售的商品只是一粒毫不起眼的石子，但你仍須以天鵝絨包裝。」這句話的意義就在於要讓顧客相信，即使是外表普通的商品，也蘊含著豐富的價值。

因此，一流的行銷方式就正好能幫助顧客認識到這一點。例如，當你向顧客推銷汽車或家用電器時，絕對不可以用手敲打，而只能謹慎而細心地觸摸，使顧客在無形中感受到商品的尊貴與價值。也許你的商品很普通，但你如果能用示範動作將商品價值大幅提升，並將訊息傳遞給顧客知道，那麼就能達到真正的效果。

舉例來說，當我們要對顧客推銷陽傘的時候，口沫橫飛地說上大半天，倒不如輕鬆自如地將陽傘打開，扛在肩上再旋轉一下，優雅地展示出傘所呈現的風采，這樣自然就會讓顧客留下很深的印象，從而對我們的商品有了品質好、樣式美的感受。

如果能用新奇的示範動作來展示一件很普通的商品，那麼效果就會更好。例如，當你在推銷一種油污清洗劑時，一般的示範方法，是用你所推銷的清洗劑把一塊髒布洗淨。然而如果一改常態，先把穿在你身上的衣服和袖子弄髒，然後用所要推銷的清洗劑洗淨，那麼這樣示範的效果當然會與前者不大一樣，也會為你的推銷帶來更大的成功。

如果你所推銷的商品具有特殊的性質，那麼你的示範動作就應該一下子把這種特殊性表達出來。假如在推銷一種十分結實的鋼化玻璃酒杯，你可以讓酒杯互相撞擊而不會碎；同時，你再向顧客說明這種酒杯特別適合野餐使用，不易碎、好攜帶，這樣他們便能理解其用途，並對這個新商品的接受度又更高了。

又譬如，當你在推銷一種強化玻璃，你就應該隨身帶一塊玻璃樣品和鐵鎚，並當著顧客的面，用鐵鎚敲擊玻璃，這樣顧客一定會在驚訝中升起購買的欲望。當你繼續向他推銷商品的時候，你就會發現你們之間的談話是那麼易於進行，交易也就很快達成了。

抓住顧客心理，帶動銷售業績

某種意義來說，推銷員和銷售員就好似一位演員，扮演好這一角色就會帶動商品的銷售業績，反之則將徒勞無功。

某天，一位西裝筆挺的中年男士，走到玩具攤位前停下，售貨小姐立刻迎上去。男士伸手拿起一個聲控的玩具飛碟。

「先生，您好，您的小孩多大了？」小姐笑容可掬地問道。

「六歲！」男士說著，把玩具放回原位，眼光又轉向其它玩具。

小姐把玩具放到地上，拿起聲控器，開始熟練地操縱著，前進、後退、旋轉，她一邊示範，同時又一邊說：「小孩子從小玩這種聲音控制的玩具，可以培養強烈的領導欲望。」接著把另一個聲控器遞到男士手裡，於是那位男士也開始玩了起來。大約兩、三分鐘之後，展示小姐把玩具關掉。

「這一套多少錢？」顧客問。

「四五〇元！」

「太貴了！算四百元好了！」

「先生！跟令郎的領導才華比起來，這樣的價格實在是微不足道！」

展示小姐稍微停頓了一下，又拿出兩個嶄新的乾電池：「這樣好了，這兩個電池免費奉送！」說完便把一個全新未拆封的聲控玩具飛碟，連同兩個電池，一起塞進包裝袋後遞給男士。

男士一手摸著口袋說：「不需要試用一下嗎？」一邊伸出另一手接玩具。

「絕對品質保證！」展示小姐送上名片說。

一個出色的推銷員或銷售員，必須熟悉自己所賣商品的性能、特徵、優點和用途，同時還要瞭解消費對象，用最有效的巧妙語言誘導消費，並給人們留下不容質疑的印象。

「三秒膠」的推銷絕技

多年前，一家廠商研發出一種強力膠水，俗稱「三秒膠」。那是一種能在短短三秒中內，將物品牢牢黏住的強力膠水。問世後，老闆為如何能讓他的新產品迅速為世人接受而絞盡了腦汁，最後，老闆終於想出一個絕妙好招。

老闆事先在銀飾店訂製了一枚價值四千五百美元的金幣，並且大肆宣揚。當大家對這枚昂貴的金幣議論紛紛時，老闆又請來一批貴賓和新聞界人士，舉行了一次別開生面的「表演」：在攝影機的鏡頭前，老闆拿出一瓶「三秒膠」，小心翼翼地打開瓶蓋，先將膠水塗在金幣上，然後輕輕的把金幣往牆上一貼。接著對貴賓和圍觀的人說：「各位先生、小姐，大家都知道這枚金幣造價四千五百美元，現在已被我用本公司最新發明的三秒膠黏貼在牆上。我現在宣佈，如果哪位先生、小姐能用手把它給撕下來，那麼這枚金幣就是屬於他的了！」

老闆的話剛說完，大家都興奮地一湧而上，每個人都躍躍欲試。但最後他們都失敗了。而這一切都被攝影機拍下來並透過電視播放出去。

最後，連聞名遐邇的氣功大師也來了。只見在錄影機前，氣功大師氣沉丹田，緩緩運氣，將氣凝聚在扣住金幣邊緣的五個手指上，猛地「嗨」一聲大喊，沒想到只見牆壁裂出一道細縫，但金幣仍貼在牆上，閃閃發光。

「三秒膠」果然名不虛傳，這款強力膠水也因此傳出口碑，大家爭相搶購，讓公司的營業額大增，老闆的口袋滿滿。

自有品牌，省下大筆行銷費

大型超級市場和百貨量販店近年開始風行一種「自有品牌商品」的銷售手法，例如眾所周知的大潤發、家樂福、頂好……。

所謂「自有品牌商品」是指標有賣場或商店自己品牌標誌的商品。

這種做法的優勢，首先在於售價，因為自有品牌商品完全從是零售端所控制的，通常是有了產品構想之後，再找廠家加工，所以零售業者扣除掉代工廠商的生產費用後，還能省下來品牌和大筆行銷費用，因此可將售價訂得比同質性商品來得低，因而較其他同質性商品享有更高的價格優勢。

其次，賣場會特別注重自有品牌商品在商店內的陳列。對於這些出自自家手筆的自有品牌商品，零售業者自然是鍾愛有加，因此，有些商店直接把這些商品置於同類商品中，然後很明顯的標示出此商品誘人的價格，讓顧客透過與現場商品比價，更覺得購買這種商品十分划算。

第三，講究自有品牌商品的命名。有些賣場或商店就直接用該賣場名稱當作自有品牌商品的名稱，這種做法不但方便顧客記憶、辨別，更易加深對該類商品的印象。有些賣場的主管人員說：「我們既然以賣場名稱來命名，就表示我們對自有品牌商品的品質有充分的信心。」

至於自有品牌的選擇，各賣場與商家也頗費心機。有的賣場每星期都會利用電腦排列出所有商品的銷售排行榜，然後從中選出較為暢銷的商品來進行開發、生產。為了避免發生自有品牌商品與商店內其他同類商品發生爭奪同一消費者的事件，有些賣場或廠商便會選擇一些較難與其競爭，或技術層次較高的商品作為自有品牌，如電器、電池、飲料……等產品。

此外，一些廠商還在商品的包裝、容量、配方上下功夫，力求與眾不同或讓消費者有更划算的感覺。這種「自有品牌商品」銷售法，可說是一種出奇制勝的銷售方式與選擇。

藉活動造勢，打出品牌知名度

在三〇年代初期，外國啤酒壟斷了上海市場，山東煙台啤酒廠的啤酒對上海人來說還很陌生。煙台啤酒為打入上海市場特別策劃了別具一格的廣告戰。

他們徵得上海某大遊樂園同意後，在上海各家大報刊登了一則啟事：「定於某月某日，某遊樂園按正常價格出售門票，凡持門票者進入遊樂園後，由煙台啤酒廠贈送印有『煙台啤酒廠』字樣的毛巾一條，還可免費暢飲煙台啤酒，飲酒挑戰者按酒量多寡，前三名予以大獎。」

啟事刊登出來後，上海市萬人空巷，一時之間這家遊樂園的遊客大增，還造成路上人山人海，交通堵塞的盛況。狂熱的人們喝掉了五百大箱啤酒（四十八瓶一箱）。第二天，各大報莫不爭相報導這次啤酒大賽的盛況。

不久，該廠又出新招，在報上登出一條消息：「謹訂於星期日，煙台啤酒廠在半淞園內隱藏一瓶煙台啤酒，誰能找到，則可獲得啤酒二十箱的獎品。」於是，再度吸引了成千上萬的民眾參與這活動。

大批的人潮參加了山東煙台啤酒廠舉辦的這兩場活動，參與的人不但拿到大獎——一箱箱的啤酒——也從中感受到了很大的樂趣。而煙台啤酒自然也從此廣為人知，提高並獲得了極大的知名度。

累積人脈，就是累積錢脈

美國有個頂尖汽車銷售業務員吉拉德（他是金氏世界紀錄認可的世界上最成功的推銷員，從一九六三年至一九七八年間，總共推銷一萬三千零一輛的雪佛蘭汽車），他經營汽車銷售已有十多年的時間，每年賣出的新車比任何其他經銷商都多。他成功的策略，就是強調其優質、巧妙的服務——尤其是售後服務。

吉拉德說：「我是不會讓我的顧客在買了車之後就被拋到九霄雲外去的。每個月我都要寄出一萬三千張以上的卡片。每當顧客買了我的汽車，在他還沒踏出門之前，我的兒子就已經寫好『銘謝惠顧』的短箋了。」以後顧客每個月還都會收到一封封用不同大小、格式、顏色信封裝的信。

這些信件十分特別，通常在信一開頭會寫著：「我喜歡你！」接著在每年年初會寫道：「祝你新年快樂，吉拉德敬賀。」二月，他會寄張「美國國父誕辰紀念日快樂」的賀卡給顧客；三月，則是另外一個節日的祝賀。

身為顧客，他們不但因為買到稱心如意的汽車而高興，更欣慰的是，公司經理願意一直用心與自己保持良好的關係，也因此對吉拉德的信賴感自然大大提升。所以每當有機會，這些顧客就會向自己的熟人、朋友推薦吉拉德，使他的事業蒸蒸日上。吉拉德的「人緣戰」，一次次為他帶來更多的客戶，幫他建立起超凡的業績。

引人注意的懸賞促銷法

開發合成樹脂毛毯成功的日本梨化公司，常在市面上發現仿冒品。這些仿冒品對該公司商品的銷路會構成很大的威脅。為了維護權益，該公司在各大報上刊出如下廣告：「讓合成樹脂長出柔軟而悅目的絨毛，是本公司所開發的新穎產品。這種物美價廉的毛毯人見人愛，然而它是有專利權的，任何人都不允許仿冒。如果您發現有人仿冒，請將該廠商姓名、該廠的地址通知我們，本公司便會贈送兩百萬元獎金給您，絕不食言。」

這項廣告雖嚴肅卻不呆板，不僅收到嚇阻別人仿製的效果，且因兩百萬元的獎金而掀起了一股空前的討論熱潮，使得知名度不高的合成樹脂毛毯，一夜之間竟成為家喻戶曉的熱門產品，在市場上打下了穩固的基礎。

當然，兩百萬元的獎金最終並未能兌現，公司所承諾的鉅額懸賞獎金看似只是個幌子。但這則廣告的確遏止了仿冒品的繼續出現，並使得梨化公司的產品在日本知名度大開，促進了商品知名度的提高，廣受國內消費者歡迎，從而擴大了銷售量。之後也開拓出國外市場，外銷數量也與年俱增。

一個成功的廣告，不但為自己贏得了顧客的注意，更因此賺進了大把的鈔票。勝敗之間往往就只有這麼一步這差。

說明產品缺點，讓消費者安心

某家生產電暖器設備的公司，所生產的商品雖然品質優良，但仍能找出一些瑕疵，該公司在不斷改進的同時，總是主動把產品的缺點告訴消費者。

如百分之二的螺旋精度沒有達到國際標準、百分之四的漆面刷得不夠均勻、使用了合金材料價格偏高等等，公司總是提醒客戶在購買時要千萬認真挑選，以免在登門為顧客更換或維修時，耽誤了顧客寶貴的時間。

這家公司毫不隱瞞的把產品缺點告訴消費者，不僅沒有影響到產品的銷路，反而讓銷售數字節節上升。

從表面上看來，這好像是企業在自曝其短，但實際上是從另一種角度宣傳了自家的產品。這種做法，至少有以下幾點好處：

一、企業主是真心把消費者當成朋友，他們明白地告知自己的缺點讓消費者知道，表示公司是誠實可信賴的。

二、如此，可以鞭策自己不斷提高產品品質，當公司清楚知道自己的不足，以及商品需要改進的地方，才能夠盡快改善，不斷應用新技術開發新產品。

三、可以更直接地獲得來自消費者的意見和建議，有利於改進產品的不足。

事實上，任何產品都不會是完美無瑕的，都會存在某些可以進步的空間；另外，更由於消費者層次和需求不同，也會形成對產品的各種不同需求。為此，把產品的不足告訴消費者，會取得比僅有正面廣告更好的效果。也就是說，如果換個角度，站在消費者的立場上，把自己產品的缺點告訴消費者，就會獲得意想不到的銷售效果。

產品堅固耐用，打開市場口碑

日本CITIZEN星辰鐘錶公司過去每天製造十八萬支錶，即每秒生產兩支，產品遠銷世界各地，深受人們的喜愛。董事長山崎曾說：「八〇年代的製錶工業最講求精確和時髦，因此CITIZEN星辰鐘錶公司生產的手錶不但款式新穎，而且品質精湛。」

一九八三年，日本CITIZEN星辰錶商在澳洲貼出一則廣告，上面寫著：「某年某月某日，CITIZEN星辰鐘錶公司將從空中向某廣場投下手錶，請對此感興趣者，屆時參觀。」

廣告貼出後，立刻傳遍全城。預計投下手錶的那天，許多抱著看好戲的人們從四面八方湧入廣場，來到廣場的人不外乎是想湊湊熱鬧，看看是否能撿到一支完好無缺的錶。

當他們看到一支支手錶從天而降，落地之後的手錶不但完好無損，而且手錶精準度絲毫不減，人們都為CITIZEN手錶堅硬的產品品質而讚賞不已。

「高空投錶，完好無損」成為人們傳頌的佳話。事後，這種品質優良的口碑自然廣為流傳，CITIZEN星辰手錶也因此聲名大噪，很快地就在日本本國和國際市場打開了銷路。

提供優質服務，英航奪回市場

英國航空公司是英國最大的航空公司，也是歷史最悠久、名氣最響亮的航空公司之一。它第一次執行民間航空的任務，是由一架經過改裝的DH4A單引擎轟炸機所飛行，它的第一批乘客則是兩名男士及十幾隻將成為法國大飯店名菜的松雞。

目前英航擁有各種型號的客機，定期飛往歐洲、中東、遠東、大洋洲、南非、東非、北美和南美等七十二個國家和地區的一四八個航站，航線總長五十四萬多公里。在英國國內，英航定期班機飛行本土十六個城市，每週航班多達一千多架次。

可是，在八〇年代初期，因為在他們的服務詞典中沒有「顧客」兩個字，使得國營的英國航空公司在國際民航業中的名聲一落千丈，年虧損金額高達兩億美元，甚至面臨破產的危機。

八〇年代初，英航國內航線上，在一個多小時的飛行中，是幾乎沒有任何服務的。有的旅客會問空服員為什麼沒有服務？得到的卻是冷冰冰的回答：「對不起！先生，這是國內航線。公司的政策就是這樣規定的。」當時，有些旅客就很不滿意，抱怨說英航的服務態度比起香港國泰等航空公司來說簡直差太遠了。

然而到了八〇年代後期，這種情況卻大為改觀，英航已漸漸開始讓旅客們都有賓至如歸的感覺。此時，英航已舊貌換新顏，成為世界上最富聲譽的航空公司之一了。

一九八一年，為了改變英航每況愈下、營收一團糟的局面，當時的英國首相柴契爾夫人力排眾議，任命資深的英國工業家約翰・金擔任英國航空公司的董事長。約翰・金剛開始上任時，就立即著手改變舊的管理方式，大刀闊斧地採取了一系列改革措施。他首先削減公司員工；緊接著，他斬斷了英航與一位老客戶之間無用的業務聯繫，並與一些有作為的公司建立了聯繫。他採取的另一個重要措施就是在一九八三年任命了經驗豐富的銷售專家柯林・馬歇爾擔任公司的總經理。

馬歇爾果然沒讓柴契爾夫人失望。在他第一年的任期中，他大膽解僱了一百多名不懂業務和市場銷售知識的高級經理人員。同時，他組織了一個六人小組，專門負責制定讓英航轉虧為盈的計劃。並且為了讓旅客對變化的英航有深刻的印象，英航特地重新油漆了飛機，並另行設計了員工的制服和公司徽章，更把公司的口號改為「飛行・服務」。

一九八四年，英航又引進了丹麥時代經理公司開創的員工教育的計劃，名曰「把人放在第一位」，讓員工參與到企業的經營管理之中，讓員工認識到自己與企業的關係，從而保證服務品質，提高競爭力。一九八七年，英國航空公司更實行民營化，有百分之九十四的員工開始購買公司股票。

由於採取了上述措施，員工的工作態度和服務積極性變得像脫胎換骨一樣，也為英航的「再生」奠定了基礎。

敢於投資鉅額資本，不斷改善服務品質，推出體貼服務等新招，是英航後來鹹魚翻身的另一個訣竅。

一九九五年，英航又宣佈將於同年十月開始，在部分飛機上增設臥鋪服務，使這種「古老」的飛機服務項目重新復活。這種新式臥鋪服務為旅客開設一個單間，並配有折疊躺椅、小椅子，折疊桌、平面電視等，非常舒適。

在二十世紀的三〇、四〇年代，許多飛機上都設有臥鋪，因為當時飛機速度較慢、飛行時間長，從英國飛往澳大利亞需要四天時間。但自從噴射型飛機問世以來，由於飛行時間大幅縮短，這項服務曾一度消失。多年後的今天，隨著經濟和科技的發展，越來越多的旅客在飛機上使用筆記型電腦等現代辦公用具隨時工作，他們因此需要更舒適，更容易讓人入睡的環境，以便一下飛機就有充沛的精力投入工作。為了方便這些旅客，英航周到的重新開設了臥鋪服務。

除上所述之外，英航更十分注重信譽。一九八八年，英航一架大型客機雖僅僅只搭載一名旅客，依舊仍決定照常起飛，一時成為國際民航史上的美談。

作為英國航空公司這樣一個傳統公司來說，由於他們經歷過因疏忽服務而導致的經濟與名譽損失，迫使他們明白了服務對於航空公司的重要意義，在痛定思痛之後，從而改善並提高服務水準，因此贏得了良好的聲譽與利益。

「僅搭載一名旅客」的宣傳，再次為英國航空公司能提供如此周到、獨特的優質服務打響了名號，這也不啻為一個最佳的宣傳利器。

品質取勝，不打價格戰

有間連鎖眼鏡行過去一直壟斷該區的眼鏡銷售市場。當這家連鎖眼鏡行還在沾沾自喜自己的獨門生意時，它的周圍先後冒出了不少家新的眼鏡店和不少路邊攤，那些商人所賣的眼鏡價格低廉，打出了「配鏡迅速、立即取貨」的促銷手段，於是，他們靠著嘴甜、低價等優勢，搶到了不少顧客，使得這間連鎖眼鏡行的生意大受影響。

一向以當地龍頭自居的連鎖眼鏡行，面對這樣的情況，冷靜地分析了市場趨勢，並根據自己的優勢，制訂了「揚長避短、強化服務」的戰略。新的眼鏡行和地攤的優勢雖然是訂價靈活、進退自如，但他們卻缺乏專業的技術，沒有專業的驗光師和配鏡技師，也無法提供良好的售後服務。針對這些情況，連鎖眼鏡行制訂和實施了如下的策略：他們縮減了低檔眼鏡的銷售量，以避開對手彈性的低價優勢；增強了中、高檔眼鏡的樣式與種類。

由於一般顧客不大懂得配鏡技術的優劣對眼睛有何影響，他們便在報紙上、電視上展開了宣傳攻勢。一是宣傳配鏡的基本知識，使顧客瞭解到配鏡不適將會對眼睛造成的傷害；二是宣傳該連鎖眼鏡行的信譽及能提供最優質的服務。

廣告宣傳中也打出連鎖眼鏡行將提供「眼鏡百日服務」的活動。活動期間兒童配鏡減價一半，還有免費驗光服務，並聘請三位眼科專家全天候診，為兒童提供免費配鏡諮詢，保證能為兒童配上最適合適當的眼鏡。

此外，他們還專門購置了五輛摩托車，就只為了把兒童配好的眼鏡親自送至家門或學校，大大方便了顧客。這一連串的措施與服務，都安排得非常貼心和周延，一環緊扣著一環，讓顧客在不知不覺中被吸引住。

另外，伴隨著知名度的擴大和銷售量的提高，更培養了一批未來的顧客——兒童。於是，該連鎖眼鏡行的銷售量與龍頭地位，在這樣的努力下又逐漸恢復了。

「無限期維修」，打響企業名號

家用電器結構精密複雜，商店在出售家電產品時，通常都會提供一個維修保固期限。這並不以足為奇，但如果有人告訴你有間商店的維修保固期沒有時間限制，你一定會在驚喜之餘，毫不猶豫地選擇這家商店去購買。

瑞典的卡隆門商店正是這樣一家商店。

卡隆門公司，是一家以經營家用電器為主的公司，規模雖不十分龐大，但營業額卻是相當可觀。追究原因，正是它那「無限期維修」的營銷策略奏效。多年來，只要是卡隆門公司出售的商品，只要不到報廢的程度，就保證永久負責免費修理。光是這一點，就深深贏得消費者的心，樹立了卡隆門公司值得信賴的形象。

某一天，有位婦女手持一個多年前在該公司購買的電熨斗來到修理部，要求修理，這個電熨斗在很快的時間內就修好了，這位婦女高高興興地回家了。三個月後，這位婦女的電熨斗又壞了，不過這次她已不想再修了，打算買個新的，當她想到卡隆門信守「無限期維修」的諾言時，便決定要再去那裡買一隻新的電熨斗。

另外有位先生從卡隆門公司購置了一套家電設備，因為使用不當出了毛病，本來應該送去修理，又怕拆裝過程會損壞設備零件。最後，卡隆門公司派員上門修理，往返多次，從不厭煩。在一次修理過程中，維修人員偶然發現這位顧客家附近就有一家電器商店，覺得非常奇怪，就問他為什麼不從這裡購買就好，何必捨近求遠跑到卡隆門公司購買，這位先生回答說，因為你們是「無限期保修」啊！

「無限期維修」使卡隆門公司獲得了顧客的信賴，名聲也越來越大，這個特殊的行銷方式，讓銷售量持續增加。

Chapter 2
用對行銷手法，創造財源

高明的推銷術，並不是一直向對方鼓吹自己的商品有多麼好。而是不妨站在對方的立場，傾聽對方的心聲，得到顧客的信賴，如此就不必擔心自己的商品不被欣賞與接受了。

鎖定消費族群，明確出擊

森永製菓公司和明治製菓公司是日本兩家最大的糖果公司，他們以前生產的巧克力，全部是以兒童為銷售對象。

為了開拓新的市場，擴大銷售範圍，森永製菓公司後來推出以成年人為對象的「高三冠」大塊巧克力片，每塊售價為七十日圓。

隨後，明治公司也先後推出了以「阿爾法」為品牌的兩種大塊巧克力片，每塊定價分別為六十日圓、四十日圓。然而，該公司採用的促銷手段十分巧妙，他們先針對顧客不同的年齡層，制定出不同價格和不同口味與濃度的巧克力，同時開拓出了三個市場：銷售對象為十二、三歲初中生的巧克力，每塊售價為四十日圓；銷售對象為十七、八歲高中生的巧克力，每塊售價為六十日圓；銷售對象為成年人的巧克力，則以精美的盒子包裝，便於饋贈之用，每盒售價為一百日圓。

就這樣，在激烈的市場競爭中，明治製菓公司採用區分消費對象的方法佔了上風，擊敗了森永製菓公司。

銷售四部曲，挑動消費者的心

美國乳品大王斯圖・倫納德，成功的經營著世界上最大乳品超級市場。由於乳製品時效性很強，倫納德採購、運輸貨物從不透過中間商，而由商店自行採購運送，當貨物一到達，就立刻上架，因此庫存積壓很少，乳品也能常保新鮮。

由於該店出售的商品既新鮮，種類又豐富，所以顧客盈門，上架貨物很快就可銷售一空，換回現金，從而加速了資金周轉，生意因此越做越好。每星期平均會有十萬人光顧市場，一週可賣出七萬五千個麵包，一年銷售一百五十萬個蛋卷冰淇淋、兩萬兩千噸各種家禽肉製品，年銷售總額達一億美元。如此高的銷售額和銷售量，在世界食品行業中可說首屈一指。

也許有人要問，倫納德怎麼能保證上架的產品全都能在短時間內賣出呢？乳品大王說：「創造能刺激顧客購買慾望的環境，是我成功銷售的祕訣。」——但這種環境是怎樣創造出來的呢？

於是倫納德說出他所創造的著名「四部曲」銷售法：

第一步，倫納德先別出心裁的在超級市場門口放上一頭乳牛。並將乳牛打扮得漂漂亮亮，不時向顧客搖頭擺尾，好似向顧客表示歡迎。這個醒目的活招牌，除了吸引顧客上門，還讓他們直接從門口的乳牛，想到門市裡販售的各種乳製品。

第二步，走進市場大門，映入眼簾的是聳立在前廳一頭活靈活現的塑膠製乳牛，乳牛旁邊還站著一位哼著民謠的牧牛機器人。顧客彷彿置身於牛羊成群的牧場中，對乳製品產生了強烈的興趣，希望從乳品中得到一種被植入的快樂享受。

第三步，穿過前廳走入售貨大廳裡，還有兩隻活潑可愛的機器狗，每隔六分鐘唱一首「什麼什麼真好吃」、「好吃不過乳製品」的逗趣歌曲，使顧客在每一步都得到不同的感受，購買欲望被一步步給誘發出來。

第四步，當顧客在各式各樣的商品間穿梭時，撲鼻而來的是烤麵包的陣陣清香及奶香，令人饞涎欲滴。在這樣的環境中，即使原本無心購買的顧客也會產生購買欲望，並化為真正的購買行動，將鈔票送入生意人的荷包之中。

做對市場區隔，行情看漲

中國舉世聞名的八大名酒之一「狀元紅」，是已有三百年歷史的名酒，採古法釀造，不但行銷全中國，還遠銷國際市場。一九八一年，「狀元紅」以古老名酒之姿，企圖再度打入上海市場。但這次「狀元紅」並沒有一舉成功，不但沒有大發利市，反而一度成了滯銷品。

於是，該酒廠與「狀元紅」的特約經銷一起認真研究問題所在，並走訪調查了幾間店家。聽店家老闆分析，青年是上海銷售酒類的最主要消費者，他們購買酒的目的通常有兩個：第一是送禮，初次到男女朋友家或到主管家做客，總要帶上幾瓶好酒孝敬長輩。第二是為了裝飾，佈置新房或送好友喬遷之禮時，通常可能會在家中客廳的玻璃櫃裡放上幾瓶名酒，來顯示主人的風格與氣質。而這之中，又以價位在中檔的酒類最為暢銷。

根據以上的調查資料，酒廠決定以青年消費者為目標市場；以「禮品酒」、「裝飾酒」為主要銷售產品；並把這些酒類的定價策略調在中檔價格。

過沒多久，酒廠又在各大報紙上連續刊登文章，對「狀元紅」詳加介紹。幾天之後，人們爭相購買、銷售大增，「狀元紅」終於在上海市場走俏。

此例說明，市場營銷的前期調查是非常重要的，它可以收集到消費者的心態、反應，獲得最新的商品訊息，以便準確的訂定出營銷策略。

另外，還必須研究市場區隔戰略。所謂市場區隔，是以消費者需求為立足點，依據消費者購買行為的差異性，劃分出不同的消費者群體。

運用訂價策略，商品多元發展

在中國大陸，二十世紀八〇年代中期，隨著經濟的發展，市場逐步開放，物價也逐漸上漲。銀川火柴廠迫於激烈的競爭形勢和成本的提高，不得不將火柴每盒提高一元。也就是說，從以前的一盒賣二元，調到一盒賣三元。雖然只漲價了一元，但消費者卻非常敏感，對銀川火柴廠的做法感到非常不滿。因為顧客認為火柴是日常生活必需的消費品，更何況一盒賣二元的價格已經實行了幾十年，誰也不願價格任意出現變化。

正當群眾意見紛紛時，其它火柴廠又向市場推出一種小盒裝的火柴，一盒售價二元，雖然容量少些，但由於其價格未變，所以消費者寧可購買二元的小盒裝火柴，也不願花三元買容量較多些的大盒火柴。在這次漲價行動中，銀川火柴廠只得自認失敗。

又過了幾年，隨著木材價格上漲，火柴的成本也跟著上漲，於是一盒賣三元的火柴已經不敷成本，這下銀川火柴廠又遇到得將火柴價格調漲的困境。但是有鑑於上一次的失敗經驗，這次銀川火柴廠學到了教訓，他們想出了一個巧妙的辦法。

這次銀川火柴廠同時推出四種規格、四種價格的火柴：第一種是小盒裝的，仍然沿用三元的價格；第二種是中盒裝的，價格稍高，五元一盒；第三種是大盒精裝的，售價是八元；還有一種是超大盒精裝，售價是十五元。這次的漲價行動，比上一次漲幅其實高了許多，但相反的，消費者並未有太大的反彈。不但市場穩定，銷售額也增加了不少。

銀川火柴廠以多種規格、多種價格替代原來的單一規格、單一價格，這個聰明的方法，不但讓廠商暗中提高了價格，穩定了消費者的反彈情緒，並且擴大了市場範圍，增加了銀川火柴廠的經濟效益。

取經西方，小肥羊火鍋超越麥當勞

來自內蒙的小肥羊火鍋短短六年之間，連鎖加盟店面超過七百家，年營業額高達人民幣四十三億元，成為中式連鎖餐飲在大陸唯一超越麥當勞的民營企業。

一九九八年初，經常利用出差之便嘗遍各地美味的張鋼，發現一家極具特色的火鍋店，老闆將涮羊肉直接放進調好味的一鍋湯裡，完全不用蘸料，味道仍是鮮美異常，這又觸動了他的商業靈感：「若配上咱們內蒙的小羔羊，豈不更具商業價值。」

當下張鋼毫不猶豫，掏錢買斷了這具有四十多種材料的配方，並立即奔回包頭請了五、六位廚師與中醫師，進行改良實驗，並請朋友前來品嘗論斷，費時整整一年，終於創出集結六十多味中藥材的獨特湯頭。

小肥羊沒有養過一隻羊，但卻懂得與放牧人家打交道，透過合約收購機制，成為左右草原羊肉價格的一股力量，使欲仿效品牌者缺乏完整貨源供給。

小肥羊真正迅速展店，如同秋風掃落葉般的態勢於全中國發展，還是從二〇〇一年開始的，張鋼不諱言地說：「百勝集團（擁有肯德基與必勝客品牌）的連鎖經營模式替小肥羊的迅速擴張鋪平了道路。」於是，藉由內蒙資源加上了全球連鎖經營的觀念和方法，小肥羊終以王者之尊於大陸餐飲界嶄露頭角。

二〇〇九年底，小肥羊的營業額與店數均擊敗了中國麥當勞，僅次於學習對象的肯德基，位居中國連鎖餐飲百強的第二名，中式連鎖餐飲打敗西方巨鱷，這在中國還是頭一遭。

「快速成長當然也帶來了惡果，小肥羊在二〇〇三年就發覺苗頭不對！」原來不少加盟業者為求更大利潤空間，轉而以低廉肉品及材料取代小肥羊的配送原品，導致不少市場糾紛案例出現。學到了西方連鎖加盟技術，卻沒看清本質精髓的小肥羊，初嘗危機四伏的窘境。「中國加盟者的素質不高，只會壞了這塊招牌。」董事長張鋼並未沉淪於大量收取加盟金的愉悅裡，反而意識到維繫品牌的重要性，於是大刀闊斧地全面調整戰略，從二〇〇三底停止加盟，不再以加盟數量取勝，而是更專注品牌信譽。

雖然位於內蒙的小肥羊總部，如今還是有接不完的加盟電話，但張鋼均不為所動，對於合約到期又做不好的加盟者，一律收回改為直營，並堅定地將上海、北京、西安、深圳、天津，定為直營的五大戰略城市。除此之外，除中國大陸，其經營範圍已經伸展到澳門、香港、美國、加拿大及日本，已開設逾七百多間分店，躋身中國最有價值的五百品牌之列。

免費留影，招攬遊客上門

某次張老闆和友人一起到日本四國有名的鳴門大橋遊覽。無奈天公不作美，細雨連綿，張老闆等人一邊在小店鋪前避雨，一邊觀賞著秀麗的水岸景色。

忽然有人發現了小店鋪前有兩位身著日本和服的男女，仔細一看，才知是人偶塑像，頭部是鏤空的，旅客人可以把頭伸進去照相。

遠道而來的他們，正當不知道照一次相要收多少錢而猶豫時，店主人走過來，親切和藹地說，這裡的塑像佈景是屬於他們店裡的，不收取任何費用，歡迎客人盡量拍照沒有限制。

於是，張老闆等人高高興興地在鳴門大橋遊覽前，彷彿穿著和服一般留了影。這時，只見店主人手端一個茶盤，熱情地邀請幾位來客嘗嘗當地的特產——純金茶，同時，他還詳細地介紹起純金茶來。

由於主人慇勤待客再加上茶香及價格合理，臨走時他們每人都買了一盒純金茶回去當伴手禮。他們這時才恍然大悟：原來這些都是該店推銷產品的一個行銷手法。

換個說法，贏得顧客信賴

有位住在美國費城名叫勒佛的人，幾年來一直想向當地一家規模頗大的連鎖商店推銷煤炭，可是，對方卻偏偏不向他訂購，寧願找距離很遠的郊區工廠買進煤炭。

當滿載著煤炭的卡車經過勒佛的公司門前，朝那家連鎖商店駛進時，勒佛的肺都要氣炸了，心理恨著自己無能。雖然他又氣又惱，但卻一直從未打消向那家連鎖商店推銷煤炭的念頭。

有一天，他決定改變以往的做法，再次走進那家連鎖商店，並對負責人說：「今天，我來這兒並不是向您推銷煤炭，而是想拜託您一件事。我們公司的講習會出了個題目：『連鎖商店的普遍化對國家是否有害？』要就此議題進行辯論。我想請教您有關連鎖商店相關的問題，希望能在辯論中駁倒其他部門的同事。除了請教您之外，我想不出比您更合適的人選了，所以專程來向您討教。我想您一定肯幫這個忙。」

結果，這位連鎖商店的負責人和勒佛談了一小時又四十七分鐘，從如何開始經營連鎖商店說起，一直談到目前的經營狀況，並且一再強調連鎖商店對全人類有多少重大的貢獻，對他自己的工作也充滿了信心。勒佛不但對連鎖商店有了全面新的認識，也改變了以往自己的偏見。他們原本約定只打擾兩分鐘，結果卻大大超過預期的時間，當然，效果也好得出奇。

談話結束，當勒佛起身告辭時，這位負責人一隻手搭在他的肩上，笑容滿面地送勒佛到門口，還一邊說要為他祈禱，祝他在辯論中贏得勝利。最後又叮囑說一定要把辯論的結果告訴他。

當勒佛正要離開時，他又在勒佛身後說了一句：「明年初，你再來找我，我想向你買煤炭。」

這奇怪嗎？不，這簡直是一個奇蹟。

勒佛先生並沒有向他推銷煤炭，可他卻自動要求要向勒佛購買煤炭。而勒佛花了數年的心血，用盡了各種推銷術，一直是徒勞無功。沒想到，這次勒佛只不過對他所關心的問題，也懷著同樣的關心，結果只花了不到兩小時的時間，卻達成了他幾年來都未能辦成的事情。

可見高明的推銷術，並不是一直向對方鼓吹自己的商品有多麼好。而是不妨站在對方的立場，傾聽對方的心聲、得到顧客的信賴，如此就不必擔心自己的商品不被欣賞與接受。

曲線進攻，換來最後勝利

曾經有一位銷售輪胎的業務經理，得知一家公司急需自己所代理銷售的輪胎款式，於是想要專程去拜訪這家公司的老闆，但老闆聽到一些對手放出的風聲，認為他很狡猾，因此不願見他。

就這樣吃了幾次閉門羹之後，這位業務經理也有點洩氣了。在一次偶然的機會裡，聽到這間公司的員工提到，老闆的兒子很喜歡集郵，老闆在幫小兒子集郵的過程中也漸漸養成了這個嗜好。

得知這一個消息，這位業務經理立刻精神大振，急忙透過朋友找到好幾枚十分具有紀念意義的郵票，並打電話告訴這家公司的老闆，邀請他一起鑑賞。老闆一聽，馬上就答應了他的邀約。

二人在郵票話題方面談得很投機，後來這位業務經理又把話鋒轉回業務上來，老闆二話不說，第二天就讓他到公司來簽訂購的合約。對郵票的愛好，竟然真的發揮了促銷的作用，真是讓這位業務經理做夢都沒想到。

其實，這就是曲線進攻帶來的成效。當對一個目標的直接進攻失敗時，不妨退一步想一想，不要執著在一條路上，或撞倒在一面牆上，應該想個更好的辦法繞道而行。

在你追求成功的過程中，當某一位關鍵人物成為你達到目標的阻礙，而你無法說服他時，不妨動動腦筋，可以從他身邊的人或喜愛的事物、興趣著手，讓他在順其自然、毫無警覺的情況下接受你的觀點與達成你的業務使命。

「襯托銷售」策略，與名牌並駕齊驅

當開發出一種新產品，卻無力擠入已被同類產品壟斷的市場，那怎麼辦呢？該怎樣讓顧客認識你的產品，體會它的「新」和「好」呢？如果連讓消費者知道新產品的機會都沒有，之前的努力創新也將付諸流水了。

在各種行銷方式中，有一種「襯托銷售法」，是利用別家公司同類產品的影響和知名度，讓自己的產品有機會進入顧客的視線，並引起他們嘗試一下的欲望。既然嘗試了，新產品就等於有了機會，不愁打不開銷路了，最起碼是爭取到最難得的第一步。

日本Unicharm嬌聯公司的創辦人高原慶一郎原是日本愛媛縣一家特殊紙製品公司的職員，一九七四年，他注意到百貨店裡婦女專用的衛生用品需求量非常大。在當時的日本市場和國際市場上，一種名叫安妮的衛生系列用品十分暢銷，高原慶一郎覺得這個行業是很有發展前途的。

當時，安妮幾乎成為衛生棉的代名詞。「安妮的日子」就是指月經來潮的日子；「我要安妮」就是指「我要買衛生棉」，這是差不多每一個婦女的共同語言。

安妮的廣告宣傳十分成功，它巧妙地抓住了婦女的羞怯心理，將「商標名表示商品」做到了極致的境界。它能在眼花繚亂的婦女衛生用品中一枝獨秀，除了它的品質佳之外，還有不可忽視的廣告作用。

高原慶一郎決心打破安妮的壟斷地位。他並沒有在安妮的暢銷和它在婦女消費族群中已形成的優勢局面前退縮。他想，憑什麼要讓安妮獨佔市場呢？我如果能開發出一種品質比安妮更好的衛生棉，那一定也可以爭奪到一部分市場。

高原慶一郎曾在特殊紙質製品公司工作多年，是棉紙製品的行家老手。經過對安妮產品的仔細研究分析，他發現它並非十全十美，在柔軟度和吸水性方面還有待改進，高原慶一郎相信自己完全有能力做得更好。經過他反覆試驗，最後果然研發出一種比安妮更柔軟、更能充分吸收水份的衛生棉。

新產品開發出來了，最後一個階段就是要怎樣才能把它推向市場，讓廣大的婦女知道它、接受它？這並不是一件簡單的事。高原慶一郎意識到，還需要有效的促銷手段。但自己資金微薄，不可能像實力雄厚，並已成為名牌的安妮那樣不惜成本地大做廣告。

他決定在包裝上好好下功夫。他使用了乙烯樹脂薄膜作為包裝材料，這種材料密封性能更好。他又請包裝設計專家為產品設計了精美的圖案印在外包裝上，使它看起來比安妮更美觀、更衛生。

同時，高原慶一郎在行銷策略方面別出心裁，煞費苦心地想出了一種「襯托法」，就是把自己的衛生用品送到銷售安妮的商店去，請求商店容許它與安妮並排擺放在一起，不動聲色地利用了安妮陳列的醒目位置。這樣一來，Unicharm的產品在櫃台上可以同時和安妮一樣讓消費者一眼就看得到。

高原慶一郎的襯托法銷售策略收到了意想不到的效果。婦女到商店看見Unicharm的衛生用品同安妮並列擺放，明白它也是一種衛生棉，而且被它精美的包裝所吸引。於是禁不住地拿來和安妮比較看看。出於一種對新品牌的好奇心理，女士們紛紛購買Unicharm的商品試用。經使用後，發現它一點不比安妮差，品質上有過之而無不及，價格卻並未比較高。於是之後便轉為購買「Unicharm」的商品了。

就這樣，Unicharm公司出品的婦女衛生用品自從一九七四年推出後，銷量逐漸上升。高原慶一郎又經過幾年不斷地改善自己的產品，使他們的女性衛生棉成為名牌衛生用品，市場佔有率遠遠超過了安妮。高原慶一郎這一招「襯托銷售法」，果然巧妙地利用同類名牌產品的知名度，襯托出自己產品的形象，收到了奇效。

巧用「美人計」，撮動消費者的心

電視廣告中有「3B」的說法，幾乎都脫離不了「美」這個框框，總是大打美的形象牌，這包括了三大要素：Baby（嬰兒）、Beauty（美女）及Beast（動物）。其中「美人」一項，最讓人難以忽略，於是廣告商總是砸下大筆經費，請來當紅的美麗明星或是模特兒，為自己的產品代言，用以吸引更多消費者的目光。

除了正統的「美人計」用法之外，還產生了一些「變種美人計」。對於以男性消費者為主要銷售對象的產品，如香菸、白酒，業者打出「美人計」的主要目的就在於吸引男人的好奇心。而以女性消費者為主要對象的產品，如化妝品、衛生棉，就不能採用這種手法了，否則會吃力不討好。對於她們，要以高雅的方式來打動，引導其需求，像是三、四十年前，台灣民風純樸且保守，那時人們對「胸罩」一詞都諱莫如深，不太好意思在大庭廣眾主動提起。而德國「黛安芬」胸罩竟然在此環境下，大膽「空降」台灣，形成對當地風俗的一次大挑戰。

在那個純真的年代裡，不論是名門閨秀，還是小家碧玉，要買一件「令人害羞」的「內衣」（其實是胸罩，由此可見當時消費者對此極為害羞，甚至是難以啟齒的心理狀態），一般要由媽媽陪著，到老師傅那兒量身，可以說是一件「極不好意思」的事情。但曾幾何時，「色膽包天」的黛安芬竟致函給社會上的士紳名媛，請來身材姣好的美麗女模特兒走秀，展示最新設計的美麗內衣，在圓山大飯店裡轟轟烈烈地舉辦了時裝展覽。會後不久，一向被認為「不太好意思」的「內衣」，竟成了眾所追逐的時髦象徵。

隨著黛安芬的大舉促銷活動，黛安芬一時成為火紅的話題。甚至每個少女都以穿上「黛安芬」為榮，從此女性胸罩在台灣不再神祕，這股保守的風氣被黛安芬給解放了出來，之後的內衣業者也紛紛開始仿效。「黛安芬」胸罩從此成為時髦、俏麗、獨立自主的代表，也為「黛安芬」胸罩帶來龐大的商機。

對於女性來說，「美人計」也不是不可用。用得好，效果也同樣十分明顯。渴望有張年輕漂亮、白嫩光潔的面孔，可以說是每個人的心願，特別是那些愛美之心特別強烈的女人們。當原本年輕的面孔變得黝黑、蒼老、粗糙，長出斑點、皺紋、疤痕之時，最大的夢想就是有朝一日能改變皮膚狀態，重現舊日的美麗容顏。

針對愛美的女性，歐蕾、雅斯蘭黛、SK-II……，等世界知名的化妝保養品牌，無不請來國際級頂尖美女來擔任廣告代言，告訴消費者她們原本粗糙的皮膚變得柔滑輕爽、晶瑩剔透，用的就是這些品牌的保養品，而吸引大批消費者趨之若鶩，這招就是消費者最難抗拒的「美人計」。先找來美女做廣告，再告訴消費者使用產品之後，將變得和廣告美女一樣嬌嫩動人，因此大受消費者青睞，而這個行銷高招總是能讓這些化妝品公司輕輕鬆鬆賺進高額的利潤。

Chapter 3

創意經營，商機處處

隨著企業競爭的激烈，市場預測與掌握就顯得更加重要。企業需要不斷緊盯著市場，因為市場的波動正反映了消費者需求的變化，企業的一切生產經營活動都必須圍繞著消費者進行。所以，行銷活動必須更準確、更即時，才能讓意欲達成的行銷效益轉化為經濟效益。

行銷奧運，逆勢轉虧為盈

主辦奧運會猶如一把雙刃劍，它可以提高主辦國的聲譽，但經費開支巨大，一不留意就可能虧損嚴重。例如前西德慕尼黑舉辦的第二十屆奧運會，加拿大蒙特婁舉行的第二十一屆奧運會、前蘇聯莫斯科舉行的第二十二屆奧運會，都令主辦單位負債纍纍，因此預定一九八四年在美國洛杉磯舉行的第二十三屆奧運會戰戰兢兢，洛杉磯市議會甚至決議，拒絕承辦此屆奧運會，這屆奧運會正面臨可能夭折的厄運。

在這個危急關頭，美國著名企業家尤伯羅斯出馬了。他毅然接受下洛杉磯奧運會主辦人的重任。人們為他捏一把冷汗，但他自己卻是胸有成竹，在組織奧運會的過程中，獨具慧眼，另闢蹊徑，運籌帷幄，步步為營，捉住一個又一個的機會，使奧運會扭虧為盈，創造了舉世矚目的奇蹟。

首先第一步，尤伯羅斯賣掉自己的公司，全力以赴地投入籌辦奧運會的工作，下了破釜沉舟、背水一戰的決心。第二步，他明確宣示，本屆奧運會完全

「商業」掛帥，不要政府花一毛錢，完全由奧運會主辦單位來籌措資金、盈虧自負，使奧運籌備委員會獨立於美國各級政府，成為「私人公司」，這一宣示震驚世界。第三步，組織工作團隊，把出類拔萃的人物都募集到他的身邊。被譽為「管理天才」的尤伯羅斯的工作顆伴阿施爾，則被調來擔任籌備委員會副主席；最關鍵的是第四步，就是四方出擊，大力籌資，尤伯羅斯不愧是經商奇才，他籌資也有高招。

第一招，高價出售電視轉播專利。蒙特婁和莫斯科兩屆奧運會出售轉播權索價太低，分別只有三千四百萬美元和九千萬美元。尤伯羅斯經過精算，知道電視台轉播奧運的收入頗豐，便把電視轉播專利定價在二・二五億美元，並讓美國兩家最大的廣播公司即美國廣播公司ABC和全國廣播公司NBC去競爭。ABC公司請了幾十位經濟專家經過仔細計算，認為有利可圖，於是搶在NBC之前買下了電視轉播權。尤伯羅斯再出售電視轉播權給國外各大電台，僅僅電視轉播專利出售一項，組委會就籌集到二・八億美元。

第二招，限額高價贊助。歷屆奧運會也都會有贊助，但收到的效益都不大。一九八〇年紐約冬季奧運會贊助單位多達三百八十一個，但是因為每家贊助單位的金額不多，一共才收到九百萬美元贊助費。贊助廠商過多的結果，反倒讓廠商的能見度都不高，並沒有達到效益。尤伯羅斯一改舊例，把目光轉向各大公司。規定該屆奧運會正式贊助單位以三十家為限，每個行業中只接受一家，每家廠商贊助金底限為四百萬美元，贊助者可取得本屆奧運會上某項商品專門供應權。這樣一來，刺激了各個行業中領頭公司希望拔得頭籌的心態，各廠商紛紛掏出巨資搶購贊助權。僅此一項又籌集到三・八五億美元的鉅款。

在動員各大公司贊助的過程中，尤伯羅斯巧妙地施展了他的推銷術，讓大公司們相互競爭。比如在吸引飲料公司贊助時，他分別遊說「可口可樂」和「百事可樂」兩大公司，互相喊出高價，結果可口可樂公司以一千兩百六十萬美元獲得了奧運會飲料的供應權，成為洛杉磯奧運會砸下最多贊助費的公司。

又譬如在吸引相機底片公司贊助時，他讓美國柯達公司和日本富士公司競爭。起初，柯達公司大擺架子，遲遲不肯贊助，並揚言不會有任何底片公司願出四百萬美元贊助費，最後尤伯羅斯決定把底片供應權給予贊助七百萬美元的富士公司。這時柯達悔之晚矣，失去底片供應權，便只得向電視廣告打主意，最後柯達公司花了一千萬美元買下ABC公司在奧運會期間全部的底片類廣告時間，以封鎖日本富士公司在奧運會期間的電視廣告。

第三招，收取火炬傳遞費。奧運會火炬在希臘奧林匹亞村點燃傳到紐約後，要繞行美國三十二個州和哥倫比亞特區，途經四十一個城市和近千個市鎮，全程一萬五千公里，最後到達洛杉磯。尤伯羅斯看準了這也是個籌資的好機會，決定在火炬接力中，規劃出路線中的一萬公里，號召民眾付費參與；火炬接力者每跑一公里費用為三千美元。能舉著奧運會火炬一跑，也是人生難得的機會，雖然代價高昂，但響應者仍絡繹不絕，這項措施又為奧運會籌募到三千萬美元資金。

第四招，尤伯羅斯透過預訂「贊助人最佳座位」，出售「紀念幣」、「紀念品」等辦法籌措資金。資金籌集到手後，尤伯羅斯實施精打細算的支出策略，該花錢的地方毫不吝嗇，如開幕式和閉幕式、新聞媒體所需的現代通訊設備和對記者的免費招待，都投入鉅資；而能省錢的地方，一分錢也不亂花。在尤伯羅斯及其幫手的努力下，洛杉磯奧運會不僅沒有虧損和負債，反而盈餘兩億美元，獲得了巨大的成功。

此次奧運會之所以如此成功，將一直以來的虧損轉虧為贏，最高明的招數即是向世界一流的企業募集贊助金，利用這些一流企業想要獨佔奧運這個難能可貴的行銷與曝光機會，而為奧運會賺進了大把的鈔票，堪稱是史上最成功的雙贏行銷手法！

看準消費族群的魔法行銷術

艾科卡是一位在美國福特汽車創下非凡業績的天才型人物。他在普林斯頓研究所拿到工程碩士學位後，就成為福特汽車公司的低階業務員。隨著能力及職位的提昇，他在福特分店組織了一批富有創造力的精兵強將，每週聚餐一次探討研製新型汽車的方向：業務人員收集各種顧客對未來汽車的需求；市場調查人員也收集各種可靠的數據。

艾科卡集思廣益，採用了多項切實可行的措施，得出了結論：今後十年，汽車的銷量會呈現上升的趨勢，並且年輕車主的購買力將是佔了漲幅的一半。汽車款式新、性能好、價格便宜，將是吸引新車主的三大特點。因此，他決定加緊研製具有吸引這些族群的新型車款，準備在一九六四年的紐約世界博覽會開幕式上一顯身手。

首先，艾科卡在設計師之間舉行了一次競賽，這是福特公司史無前例的公開競賽，設計室主任助手戴夫設計的車型被選中。整個車型像一匹奔騰向前的野馬。他決定把車定名為「野馬」。經過緊張奮戰，野馬跑車生產出來了。艾科卡進行周密策劃，他要讓野馬真正地奔騰在遼闊的汽車市場上。他請來了不同層次、不同年齡的顧客，請五十多對夫婦參觀並且評價野馬跑車。他發現參觀者都很中意野馬的車型，一些藍領工人甚至把野馬當做身份和地位的象徵。當艾科卡宣佈野馬標價時，參觀者無不感到驚訝——車價大大低於參觀者的估價，他們都表示看好野馬，都想擁有一部這樣的車。

其二，艾科卡大搞宣傳戰，竭力掀起全國的宣傳熱潮。他舉辦「野馬跑車大賽」，從紐約到迪爾伯恩，野馬飛駛急奔如萬馬奔騰，安全快速地跑完全程，贏得新聞界一片盛讚之詞。

艾科卡還邀請各大報紙的編輯，借給他們每人一部野馬，請他們對新款的野馬跑車給予評價，以掀起野馬的宣傳聲勢。並將新款車型在全美的十五個飛機場展覽；同時還在全國兩百多家飯店的廳堂都陳列著這款跑車；在橄欖球比賽會場，也看得到豎起巨大野馬跑車的廣告宣傳立牌。

這款野馬跑車在這樣的造勢下，果然轟動全國。全國各地的福特經銷店顧客盈門，一些陳列品也被急於買車的顧客高價買走。上市一週，光顧福特經銷商的購車者與參觀民眾超過四百萬人，這是前所未有的情景。一年後，野馬跑車共銷售出約莫四十二萬部之多，艾科卡創下了公司售車的第一個紀錄。野馬車也為福特公司創造了數十億美元的利潤。

野馬跑車的成功證明了艾科卡的推銷能力和傑出的研製開發組織能力。艾科卡被升為公司客車與卡車集團的副總裁，身居要職，之後幾種型號的汽車銷售也同樣獲得了成功，為福特公司賺取時十數億美元的利潤。

先賠再賺的高明吸客法

日本著名的阪急電鐵、東電公司、東寶公司的董事長小林一三，做生意的氣魄不凡，還有許多的絕招。

年輕時，小林一三在大阪市創辦阪急百貨。按照當時的經營模式，生意人都喜歡壟斷經營，生怕別家店舖搶了自己的生意。但小林一三卻將市內一家知名的咖哩餐廳延攬進自己新建的「阪急百貨」來經營，並請他們把咖哩飯的售價降低四成，而這四成的差價再由小林一三出資補償。

這不是擺明賠本的買賣嗎？百貨的董事和員工們大為著急，認為小林老闆一定是一時迷糊，因此紛紛起來反對，請求老闆撤銷決定。小林一三手一揮，笑瞇瞇的說：「你們不必著急，就等著看好戲吧！」

果然，當物美價廉的咖哩飯一開張，很快就引起了大阪市民的熱情光顧，消息傳得沸沸揚揚：「阪急百貨裡有好吃的咖哩飯，不僅味道美，價錢還差不多便宜了一半呢！快去嘗嘗吧！」於是，顧客衝著這份既好吃又便宜的咖哩飯從四面八方蜂擁而來，百貨每天擠得人山人海，熱鬧至極。

小林一三的百貨生意自然也跟著水漲船高，營業額一下子增加了六倍，相比之下，他補給咖哩飯的那一點差價就顯得微不足道了。小林一三乍看之下是做了賠本生意，實際上是用了往自己口袋裡裝錢的行銷高招。

創新，才是企業恆久利基

萊雅（LOREAL）早期只是法國一家生產護髮劑和化妝品的公司，如今已成為世界知名化妝品製造企業。萊雅的轉型成功完全是靠它的創新精神，在研製新產品方面，投入了大量資金，這些都為其成功奠定了基礎。

當研究出新配方時，他們會不斷地進行產品測試，某次為了實驗染髮劑在世界各地各種氣候條件下的使用效果，他們在實驗大樓內設立了赤道陽光、英國濃霧、北極寒冬等各種模擬環境，來進行產品的臨床試驗。像這樣耗資驚人、設備先進、人才一流的研究開發方式，一般化妝品公司不敢問津，同時也少有投入大筆資金的魄力。

萊雅甚至採用與美國研究月球地形設備相同的儀器，來研究人類臉部皺紋產生的情形。有些新配方還同時用在其他部門，如英國石油公司曾利用萊雅的一種油性髮質的洗髮精配方，來處理水面的油跡。

由於萊雅不斷的追求創新，使他們能在市場中獨領風騷，更闖出了自己的一片天。萊雅曾推出一款新型的整髮劑，在一上市之初，就大受消費者歡迎，連最挑剔的美容師也讚不絕口，上市第一年銷售額就高達六百萬美元。

萊雅不斷地推陳出新，總經理戴爾的注重創新功不可沒。他常和部下為了開發新產品討論不休，互相腦力激盪。他主張年輕人不要唯唯諾諾，鼓勵他們勇於向主管提出不同的意見。有時他也會當場指責某些主管的錯誤想法，全力支持其下屬的意見。

因此，萊雅不但為自己的事業打下了一片江山，同時也為其他企業提供了一種嶄新的思維。當企業經營遇到不良的環境條件時，要有逆轉潮流的膽識和謀略。萊雅的成功告訴人們，以技術和創新來提高產品的競爭力，是創造提供企業活力的來源之一。

至今，萊雅仍然不斷地在推出新的產品給消費者，並利用廣告與國際知名影星廣為宣傳，使其在行銷與廣告效果的注重，更把萊雅推上國際級的化妝保養品牌寶座。

低價量產，搶佔消費市場

亨利．福特不但首創福特汽車，也是世界工業發展史上首次提出並實施「生產線」來大量生產的人。也正因大量生產方式的推出，才使福特汽車能物美價廉。

當福特汽車公司成立之初，亨利．福特就有一個理想：要製造一種價格低廉、堅固耐用的大眾化汽車。

有一次，他把一部汽車賣給一個醫生，在試車時，一個看熱鬧的工人對同伴說：「不知道哪一年我們才能買得起汽車？」

「簡單得很，」那個同伴笑著說，「從現在開始，你只要不吃飯、不睡覺，一天工作二十四小時，我想不用五年，你就可以擁有一部汽車了。」這些話引得四周的人都大笑起來。

福特當時也聽到了，但他沒有笑，反而很認真地對那個工人說：「將來的情況，可能正與你所說的相反，在吃得更好，工作時間更少的情形下，你就可以擁有汽車，而且這一天不會太遠了，我敢肯定地說，絕對不會超過五年。」」

福特有他獨特的經營理想。他認為：「企業貪求過大的利潤，正是妨礙買主消費的最大原兇。」另外，也不宜在完成某項工作時花費多過於這項工作所需的精力，應該以最少物力和人力的損耗來進行生產，再以企業最小的利潤將商品銷售出去，以達到整體銷售額的增加，亦即「薄利多銷」。

為了實現這個經營思想，福特運用不同的經營手段，對產品的標準化、生產過程、勞資關係、成本等進行了一連串的改革，創立一套獨特的「薄利多銷」經營方式，使他在當時的汽車業界中獨佔鰲頭。「大量生產方式」是此一經營模式的核心，而大規模裝配線則是實現大量生產的主要手段。

福特的構想是：建立一條輸送帶，把裝配汽車的零件用敞開口的箱子裝好，放到轉動的輸送帶上，再送到技工的面前。換言之，負責裝配汽車的工人，只要站在輸送帶的兩邊，所需要的零件就會自動送到面前，用不著再自己費事去拿。

這項設計節省了技工們來往拿取零件的時間，裝配速度自然加快了。可是，實際使用之後，發現了一個很大的缺陷：由於輸送帶是自動運輸的，對前半段比較簡單的裝配手續，非常適用；到了後半段，向車身上安裝零件時，手續就比較複雜，技工們趕不上輸送帶的速度，往往會錯過傳送過來的零件。而這些在輸送帶上沒來得及取下的零件，最後反而堆積在地板上，妨礙了輸送帶的轉動。

沒有多久，福特想出了改進的辦法，建立了一種新的生產線。他挑選一批年輕力壯的人，拖著待裝配的汽車底盤，通過預先排列好的一堆堆零件，負責裝配的工人就跟在底盤的兩邊。當他們經過堆放的零件前面時，就分別把零件裝到汽車底盤上。

這一改進，使得裝配的速度大大地提高。以前要十二個半小時才能裝配好一部車，後來僅需八十三分鐘就完成了。這一驚人的改進效果，不僅加快了福特汽車的普及率，也成為其他汽車製造廠改進生產線的藍本。

福特被譽為「把美國帶到輪子上的人」，一點兒也不為過。他改進了裝配速度，降低了生產成本，影響所及，讓同業的競爭對手也紛紛推出廉價汽車，並鎖定大眾化價位的汽車市場，這項創舉的確是美國汽車工業起飛的重要因素。

提供互利措施，攻下對手市場

可口可樂和百事可樂兩家公司多年來一直進行著激烈的競爭，不論在開拓市場、尋求機會、將不利因素轉變為有利因素、實施切實可行的營銷策略等方面都令人激賞，永遠是舉世矚目的品牌競爭範例。

一九七八年以前，可口可樂公司一直在印度的飲料市場上佔盡優勢。然而，由於可口可樂公司抗議印度政府的政策，突然撤出了印度市場，這對於一直伺機進入印度市場的百事可樂公司來說，實在是個難得的機會。

因此，百事可樂公司採取了四項措施：

措施一、與印度某集團組成合營企業，使其合營條件能夠超越印度國內飲料公司的反對和反跨國公司立法機關成員的反對，從而獲得政府批准。

措施二、幫助印度出口農產品，並使其出口額大於進口氣泡飲料濃縮液的成本。

措施三、保證不僅在主要城市銷售，還要盡最大努力把百事可樂銷往鄉村地區。

措施四、把食品包裝、加工和摻水等新技術提供給印度。

透過這種多元化的銷售戰術，使百事可樂徹底破壞了可口可樂試圖重新進入印度的計畫，進而打入印度市場，取代了可口可樂公司在印度的霸主地位。

緊盯市場變化，拚出企業新出路

信託福特公司位於英國，主要從事經營飯店和餐飲業，曾擁有三千八百家飯店，七萬五千個房間及一千多間餐廳。

在第二次世界大戰中，家庭信託公司的許多客棧飯店被軍方徵用，有些一直沒有歸還。因此，到戰爭結束時，飯店數量下降到不到兩百家。但公司的營業額和利潤卻節節上升。這主要源於以下三點：強調服務質量、增加回頭客的比例；抓住英國人崇尚歷史、尊重名人的特點，集中力量收購一批歷史久遠或是由著名貴族家族所經營的飯店，吸引慕名而來的新客；最後一點，適時地進行了產業多樣化的發展。

一九六六年，戰後繼續繁榮了近二十年的飯店業顯現出萎縮之勢，家庭信託公司就兼併了英國最大的餐飲服務企業約翰・加德納餐飲公司。這家公司是辦公機構、工廠和院校供應膳食的著名企業，其膳食品種從單一的盒飯快餐擴大到承包宴會。

戰爭結束後，福特重返倫敦，他聲稱要把戰爭時期的損失補回來。於是他將事業版圖改為在宴會承包服務業，憑藉著風味出眾的獨特優勢，從此進入了宴會承包業。

福特曾買下了擁有眾多餐廳和宴會廳的皇家咖啡廳。皇家咖啡廳是英國的社會名流們經常光顧的重要社交場所，二十個宴會大廳可同時容納二千五百名食客。福特控股公司一躍成為倫敦最大的宴會承包商。

大型宴會固然是利潤不俗的大市場，但福特也不放棄為普通顧客提供中低檔的膳食這塊更廣大的市場。並與希斯羅國際機場達成協議，由福特控股公司為其供應快餐。之後，公司陸續建立了許多路旁快餐點，與美國的麥當勞等快餐服務很相似。

在一九八五年，福特宣佈買下倫敦市中心的沃爾多夫大飯店，正式重返於飯店業。在餐飲業豐厚的利潤支持下，福特把收購重點全部集中於著名的高級飯店上。福特以令人吃驚的魄力，用鉅資一連買進三家巴黎最有名的大飯店，以豪華的陳設和卓越的服務，享譽國際飯店業界。

在證實飯店業的巨大潛力之後，福特把發展中檔飯店作為主攻方向。同時，他還採用了「品牌」這個商業概念，對公司下屬各類飯店進行品牌分類。例如，所有在名稱中標有「福特」字樣的飯店，都是專門為商業旅行者提供服務的四星級飯店，裡面都有先進的會議設施和通訊設備。

另外，還開發出「旅行者之家」的飯店，這些飯店大多建在高速公路旁，專門為一般旅行者提供食宿及停車服務，屬於三星級標準。

這些品牌代表著相應的服務和舒適程度，使顧客一看名稱就知道其所提供的服務內容，減少了投宿的盲目性，因而受到普遍歡迎。福特這一做法，果然大大提高了飯店的住房率。

信託福特公司的餐飲事業跨足各個客層領域，並逐漸轉型為以一般快餐食品為主。他在歐美各國開設的快餐廳，通常建在公路旁，緊挨著旅行者之家，由餐廳、零售店、汽車加油站組成一個完整的服務系統，營業額也因此蒸蒸日上。

從五星級豪華大飯店到平民化的路旁快餐店，信託福特公司時時注意消費需求，正是企業能屹立茁壯的重點所在。

反其道而行，抓準進場時機

一九二九年九月世界性經濟危機突然降臨，社會一片混亂，歐納西斯看到了船運業已跌至經濟危機的谷底，因為經濟危機使世界貿易陷於癱瘓，海洋運輸業自然首當其衝，損失最為慘重。

無數船隻靜靜地停泊在大大小小的港口碼頭，無論船東們怎樣奔波都無濟於事。歐納西斯卻決心向這個深不見底的行業投下資金。他甚至四處奔波，收購大量還有利用價值，而價格卻極為低廉的船隻。

在這場災難中，加拿大國有鐵路公司損失慘重，不得不拍賣部分固定資產，其中有六艘貨船，原價值為兩百萬美元，這時卻以每艘兩萬美元的標價出售。歐納西斯得知這個消息後，連夜趕到加拿大，立刻將這六艘船隻全數買下。

人們把歐納西斯的做法看成喪失理智的行為，都說他是瘋了。在這種情況下，別的船東都在想辦法賣出船隻，以免損失太大，歐納西斯卻像撿到寶似的大肆收購，真叫人不可思議。

經濟復甦的日子終於到來了，然而伴隨著的卻是第二次世界大戰爆發這場更大的災難。正當人們惶惑不安忙於逃難時，歐納西斯的貨船開始發揮神奇效用。這些浮動於水面的運載工具一夜之間身價百倍，他的投資得到了報償。

歐納西斯欣喜若狂，率領他的船隊投入繁忙的運輸業務，人們把這些船隻稱為「浮動的金礦」，歐納西斯的夢想竟一夕實現了。

沒有幾個人能有歐納西斯這樣的勇氣和膽識，此時新的船隊已來不及組建，舊的船東卻又所剩無幾，歐納西斯幾乎是在沒有競爭對手的情況下，打贏了這場漂亮的仗。從當年的「一無所有」，到後來證明這不過是一種暫時的假象，但它卻蒙蔽了無數人的眼睛，把機會獨獨留給了這個眼光獨具、富有耐心的希臘人。

隨著戰爭的日趨激烈，歐納西斯的船隊夜以繼日地來往在海洋運輸線上，利潤自然也無以數計。等到戰爭結束後，歐納西斯已躋身於擁有「制海權」的巨頭商賈之最，成為舉足輕重、名副其實的船王，同時也證明「擁有市場，就是擁有利潤」，機會絕對是留給準備好的人。

觀察消費需求，商機在身邊

加藤信三是日本獅王牙刷公司的職員，日本人素以勤勞著稱。日本的公司職員工作一般都比較緊張。加藤信三也不例外，每天一清早他就得起床，即使感覺睡眠不足，頭暈目眩，也只得硬撐著，為了趕著上班，時常是閉著眼睛匆匆忙忙的洗臉、刷牙。

有一天，他正刷著牙，發覺自己的牙齦又出血了，使用傳統牙刷已經好幾次使自己的牙齦出血了，加藤信三氣得想把牙刷往地上摔，但事後冷靜一想，他覺得和自己一樣刷到牙齦出血的人或許也是為數不少，也就是說有許多人對傳統的牙刷感到不方便、不滿意。這麼說來，如果自己能夠解決這個問題，那一定會受到許多人的歡迎。

為此他想到了許多解決牙齦出血的方法，例如：牙刷改用很柔軟的毛，這樣確實能夠解決牙齦出血的問題，但牙刷毛過於柔軟，就不能清除牙縫中的髒污；倘若在使用前把牙刷泡在溫水裡，讓它變得柔軟一些，或者多用一點牙膏，又都不是很方便，也無法完全解決問題。

後來他又想到：牙刷頂端的刷毛太刺、太硬，牙齦出血有可能是被弄傷所致。於是，他把牙刷放在放大鏡下細細檢視，意外發現牙刷頂端的刷毛是四角形的，也許是這種四角形的刷毛稜角太分明，容易刺傷牙齦吧？於是加藤信三針對這個缺點想出了一個好辦法：把牙刷刷毛的頂端磨成圓形，那麼使用起來一定就不會再出血了。

經過試驗，把牙刷刷毛頂端磨成圓形後，果然就不容易刺傷牙齦，效果十分理想。於是他就把他的這項創意向公司提出，公司也對此表達非常感興趣，馬上採納了他的新創意。後來獅王牌的牙刷頂端就全部改成圓形，十分受到消費者的歡迎。這個絕妙的創意，也讓獅王牌牙刷在眾多品牌中一枝獨秀，業績長紅了十多年。

加藤信三在日常生活中時刻留心，不以事小而不為，用自己的智慧造福人類，也為自己掙得了財富與地位。

不惑於潮流，發掘真正商機

美國鉅富亞默爾在少年時只是一名小農夫，十七歲那年被淘金熱所席捲，投入淘金者行列。當時山谷裡氣候乾燥，水源奇缺，尋找金礦的人最感到痛苦的就是沒有水喝。他們一邊尋找金礦，一邊罵：「要是有一壺涼水，老子給他一塊金幣。」、「誰要是給我狂飲，老子給兩塊金幣。」

在一片「渴望」聲中，亞默爾突然福至心靈。於是，他退出淘金行列，把手中的鐵鍬換了一個方向，丟掉挖金念頭，由挖掘黃金轉為開挖水渠。一鏟又一鏟，他終於把河水引進了水池，經過細沙過濾，變成了清涼可口的飲用水。

一見他擔著水桶、提著水壺走來，那些唇乾舌燥的淘金者蜂擁而上，金幣一塊塊投入他的懷中。

有人嘲諷他：「我們跋山涉水是為了挖到金礦，你卻是為了賣水，那何必到加州來呢？」面對這樣的冷嘲熱諷，亞默爾依舊泰然處之。後來，許多淘金者紛紛離去，亞默爾卻以此奠定了發展基石。

亞默爾的發跡，就在於他不為潮流所惑，而能觀察到真正的商機。

經營企業，關鍵在於掌握資訊，而資訊的價值在於新、在於快，在於獨家。這就要靠企業家處處做有心人，從各種管道去尋找、去挖掘，哪怕是一次普通的私人談話，也要細心留意。亞默爾本來是去挖金的，但他從挖金人的抱怨中找到有價值的資訊，更毅然放棄挖金改為找水，結果，他成功了！

利用對手弱點，增加競爭力

在日本豐田汽車進入美國之前，佔領美國市場的是德國福斯汽車。

在某個寒冷的冬天，豐田汽車的員工無意間聽到駕駛福斯汽車的司機抱怨引擎難以發動。豐田汽車的主管覺得這個消息非常重要，於是立即委託一家美國市場營銷調查公司去訪問福斯汽車的用戶，了解他們的意見。

那些消費者普遍希望在冬天汽車能夠更容易發動，後座的空間也要更大些，同時還要求具有高雅的內部裝飾。

針對這些需求，豐田很快設計出一種比福斯汽車更為完美的車款，並以較低的價格和大力的廣告宣傳，迅速竄起成為小型汽車市場銷售之冠。

豐田汽車採取的三個步驟是值得借鏡學習的：一是快速掌握消費訊息；二是實際調查考證；三是經過市場檢驗，盡量修正到最佳狀態。當然這一切全突出一個「快」字，消息要準確，行動要快速。

巧妙地利用別人的弱點，轉化為自己的優點，而後與之相比，自然有了優勢，大大增加了自己的競爭力，這是銷售的一大訣竅，也是一條永遠適用的競爭法則。

Chapter 4

品牌形象是打造出來的

一場場的商戰，可以說是產品和行銷手段的較量，誰能夠靈活運用行銷策略，把企業形象與商品包裝得令消費者怦然心動，不斷激起消費者的購買慾，誰就可以搶下市場成為最大贏家。

抓住潛在欲望，塑造個性化商品

如果你看過這支Charlie香水廣告，相信你一定會對「She's Very Charlie」（她多麼的查理）這個口號印象深刻。Charlie香水是露華濃（Revlon）公司在一九七三年推出的一種女仕香水。

Charlie這個品名源自於公司總裁查爾斯的名字，這是個在歐美國家很常用的男子名，所以當時公司內部有不少人反對，認為它不適合當作女仕香水的品名。但事實證明，婦女們對Charlie這個名字似乎情有獨鍾，Charlie香水上市僅僅一年，銷量即躍居全美國第一；三年之後又成為全球香水市場上的霸主。

眾所周知，香水是一種同質性頗高的產品，當時香水市場的競爭更是趨於白熱化。那麼，Charlie——這個有著男人名字的女仕香水，究竟是如何贏得消費者的芳心呢？

Charlie香水成功的秘訣，就在於他樹立了一個個性非常鮮明的品牌形象。當時的市場調查結果表明，二十世紀七〇年代初期，正是女權運動在美國及西歐國家風起雲湧之時。女性開始不滿足於僅僅做個賢妻良母或是漂亮的花瓶，她們已經打響了戰鼓、做足了準備，想要和男人一較高下，因而也急需借助於某種方式來表現這種願望。

露華濃（Revlon）公司機敏地捕捉到了這個商機，推出了第一款個性化的香水。然後，他們充分利用電視和雜誌，在廣告中塑造一位新女性的代言人——Charlie。廣告中的「Charlie」總是以自信、獨立和男性化的形象出現。她或者面帶微笑，昂首闊步地穿行在時代廣場上；或者一個人輕鬆自如地駕駛著豪華轎車四處兜風……。

還有一個最著名的廣告，是女孩Charlie手提公事包，與衣冠楚楚的男同事併肩而行。在穿越馬路時，她竟一反傳統，把手放在男士的後面，充當起「護花使者」的角色來，而畫面的上方則出現一行醒目的標題——「She's Very Charlie」。在這個廣告中，Charlie這個名字使整個標題顯得獨樹一格，並與人物的形象和品牌名稱一起組成了完美的結構，恰如其分地表達了新女性熱愛自由和獨立，要求與男人平起平坐的心態。

在一支支的Charlie香水廣告強力放送之後，廣告中女孩Charlie的形象深入人心，吸引許多女性紛紛爭相購買，很多人都把使用Charlie香水作為表現獨立自主、展現個性的方式。Charlie香水果然以一種十分具個性化的品牌形象，成功地擠進了大眾化香水的市場，並造成一種「時尚」效應。

當露華濃（Revlon）公司總裁查爾斯有一次被問及對此事的評價時，他簡潔地回答：「我們出售販賣的是女仕們的期望。」換言之，女仕們所購買的，已不僅僅是香水，而是心理上的滿足，對於同質性較高的產品來說，這正是行銷與廣告主題所應該訴求的重點。

電影配可樂，賣的是歡樂氣氛

一九八一年，古茲維塔（Robert Goizueta）擔任了美國飲料王國可口可樂公司董事會主席。古茲維塔以超乎常人的頭腦，提出了一系列非常的經營方略。最能說明他超乎常規思維方式的是，購買好萊塢三大電影公司之一的哥倫比亞電影公司。

這一舉動使許多人感到迷惑不解，飲料公司為何插手風險大的電影公司？但古茲維塔則把飲料和電影視為販售歡樂、娛樂性高的同質商品，他說：「賣電影和賣可樂一樣，都是計算成本、開發市場的行業。」至於可口可樂為什麼要購買電影公司？可口可樂董事會前主席，參與購買電影公司決策的伍德魯夫一語道破天機：「一定要使每一個觀眾，在看哥倫比亞影片的時候喝可口可樂汽水。」這種超越常規的思維，不能不讓人佩服。

古茲維塔的非常思維，還運用在公司的內部管理上，他採取了一連串的革新和整頓措施，並迅速建立起一種加強責任和獎勵的新制度。這樣帶來最大的變化是，總公司必要時要干預經銷公司的活動。這與傳統上幾十年延續下來的不干預經銷公司業務的政策是相背離的。在古茲維塔上任後不久，可口可樂總公司雖然對獨立的經銷公司仍保持原有的約定，但對於不積極發展業務的經銷商則對他們提出解約並另起爐灶。

譬如當時在菲律賓的市場上，可口可樂飲料的銷售量由市場佔有率的百分之四十六降到百分之三十三時，為了保持可口可樂飲料銷售量在菲律賓市場上的龍頭地位，可口可樂公司就與菲律賓一家當地的公司合作組成可口可樂分裝公司，而分裝公司的管理權就掌握在可口可樂總公司手裡。果然，在新公司成立六個月後，整個營業額不斷上升。在羅伯特・古茲維塔跳脫常規的思維方式領導下，可口可樂公司的事業蒸蒸日上，生機勃勃。

而把販售可口可樂與看電影兩者相互連結，塑造成輕鬆歡樂的享樂形象，更是一種十分高明的銷售手法。

皇室加持，身價看漲

SONY董事長盛田昭夫是一位懂得善用名人來行銷的經營者。他曾藉由一次與英國皇家交流的天賜良機，使自己的產品成功的打入英國市場。

一九七〇年，英國威爾斯親王到日本參加國際博覽會，英國大使館委託SONY在親王的套房裡安裝一台電視機，SONY以其高質量的服務使親王大為滿意。

在使館舉辦的招待會上，盛田昭夫經人介紹認識了威爾斯親王。親王對SONY提供的服務深表感謝，並流露出若盛田昭夫決定到英國開辦工廠，不要忘記設在親王的領地上。

不久，盛田昭夫果然去了英國。經過調查之後，他決定把企業擴展到英國。在公司的開工盛典上，盛田昭夫邀請威爾斯親王大駕光臨。並為了感謝親王的蒞臨，他讓人在工廠門口豎起一塊紀念匾額，以示銘記感謝之意。

二十世紀八〇年代，這間工廠決定擴大生產，盛田昭夫再次邀請威爾斯親王前往。但親王因行程安排已滿，於是派王妃前往。王妃此時正有孕在身，盛田昭夫更是招待得十分盛情周到，還讓王妃巡視工廠時戴上保護安全的工作帽，而帽子上明顯的出現「SONY」幾個大字。

隨著攝影師們此起彼落搶拍王妃的尊容，英國各界和世界各地都知曉王妃參觀了SONY在英國的分廠。從此以後，到此地一遊的人，也都可以透過「紀念匾」和「王妃照片」了解SONY的發展歷史，顯示經營者與英皇室的友誼不言可喻，這可說是最有力、最成功的宣傳！

就這樣，日本SONY借著英國皇室的高知名度，成功進入了英國市場，這都要歸功於這一場漂亮的行銷戰。

開創獨特品牌，低價策略奏效

宜家家居（IKEA）是在北美和歐洲廣為人知的企業，早期在瑞典及歐洲各國，乃至美國、加拿大等國家，常會見到「自己動手」的廣告詞和一隻眼睛、一把鑰匙加一個「啊」字的標誌，這正是宜家公司的經典廣告。

宜家公司創立於瑞典，創始人叫英格瓦・坎普拉，他的公司自創立那天起，就奉行著與眾不同的經營方式，業績也因此獲得了驚人的成長，逐漸成為一家跨國企業。

IKEA的成功主要是在市場營銷方面處處留心，提供顧客所需，因而創造出鉅大的利潤。其經營上的獨到之處表現在公司命名、產品銷售方式、營業環境創造等不同方面。在企業經營上，「形象」這個概念是極為重要的，「形象」的好與壞、深刻與平淡，對於企業來說影響層面甚鉅。而IKEA形象之所以廣為人知，還得從其公司命名開始談起。

為了公司的命名問題，坎普拉還曾親自赴美國進行調查研究。在考察中他發現，許多美國公司的名稱都是用幾個字母聯合組成的，譬如ABC（美國廣播公司）的A，是美國的第一個字母，B是廣播的第一個字母，C是公司的第一個字，以ABC組成公司名稱既簡短易記，又巧妙地概括出公司的全貌。又如RCA（美國無線電公司）、3M公司等，也都是採用這樣的型態，美國有些公司就是用他們的全稱作為商標的。

於是坎普拉開始思索公司名稱和企業標誌等問題。他根據自己企業和產品特點，想出了一個響亮的名字，並且將公司名稱和商標名統一起來，公司英文正是IKEA，它的品牌標誌是：一隻眼睛和一把鑰匙，後面跟著一個「啊」字！這個企業標誌是Eye-Key-Ah，這三個讀音拼念在一起就成為「IKEA」。之後，IKEA把其獨特的品牌標誌，大張旗鼓地在各地的廣播、電視、報紙、雜誌等各種媒體上廣為宣傳，使其成為家喻戶曉的品牌。

另外，在產品銷售方式上，IKEA公司更是別出心裁。IKEA出售的傢俱多數不是完成品，而是各種組件。消費者買回家後，必須利用IKEA所提供的圖紙、特殊起子和扳手，組裝成自己滿意的傢俱。由於這種經營方式相當具新奇性，迎合了人們「自己動手做」（DIY）的風氣，舉凡蓋房子、製做傢俱、組裝電器等……，都喜歡買組件回家自己動手安裝，IKEA正好符合了這種應運而生的需求，因此生意自然興隆，業績自然倍增。

IKEA雖然大打「自己動手做」（DIY）的宣傳廣告，但實際上顧客一進入該賣場，感受到的卻是十分便捷和貼心的賣場動線設計。

譬如傢俱組件一般是比較大的，商店為了便於顧客搬動，在商店入門之處便準備了許多靈活的推車，這和飛機場候機室的行李車相似，顧客可以用來放置選購好的組件。同時，商店裡還提供各種產品的說明書和組合圖、記錄本、鉛筆、皮尺，以便顧客選購組件時使用。商店裡所提供的樣品和圖片，是從全世界一千五百多家傢俱廠生產的款式中所精選出的，顧客在各地的IKEA分店都可選購到各種款式的傢俱組件，而其所附的各種圖解說明均用英文、德文、法文、瑞典文和丹麥文、中文寫明。產品種類之多、樣式之繁，可謂薈萃世界各國的精華，並用極為方便的方式服務消費者。

IKEA的經營方式頗有其獨到之處，其每家門市皆以展示廳的形式陳設，將樣式齊備的實物傢俱擺置在寬闊的展示賣場裡，而賣場外通常還附設餐廳。每天到傢俱賣場逛街的顧客成千上百，而到餐廳品嚐各國風味食品的人同樣不少，這無疑替公司增加了另一項重要的營收。當然，醉翁之意不在酒，IKEA的目的是在讓消費者在飲食的過程中更輕鬆悠閒，在吃飽休息過後，再回到賣場選購更多的傢俱。此舉既發揮到多角化經營、增加額外收入的作用，又達到方便顧客、提供多方面服務的目的，更重要的是吸引更多的顧客前來購買傢俱組件，順便提高IKEA品牌的形象，收到一舉多得之效。

IKEA的廣告宣傳還有一個特點，就是突顯出價廉物美這個最大的特色。確實，該公司出售的傢俱組件價格，一般比安裝成品低百分之三十以上，對顧客充滿吸引力，既可以省錢，又可獲得「自己動手做」（DIY）的滿足感。

事實上，IKEA雖然以比成品低那麼多的價格出售，但卻不會因此而少賺錢，反而賺得更多。原因在於他以零件組織貨源，降低了成本，又以零件出售，還可減少體積，大大減少了運費和倉儲費的支出。更值得一提的是，當出售組件時，顧客還需要配備一些安裝工具，如起子、扳手、錘子等，對公司來說這方面的額外收入也是相當可觀的。

IKEA自創立以來，由於經營得法，廣告策劃成功，業務發展迅速，連鎖大型門市已分佈在世界各地，年營業額高達數十億美元。

用老二戰術，仿效競爭對手

在照相技術與攝影器材設備的領域之中，日本富士公司與美國柯達公司一直是競爭對手。在這之中，過去又以彩色底片的利潤率最高，因此各攝影器材公司在這方面競爭也最激烈。

過去在彩色底片市場上，日本富士公司對柯達公司的威脅最大。「富士」底片以價格便宜、質量好的優勢，強勁地衝擊著柯達公司在世界市場上的老大地位。

一九八四年，日本富士公司不惜以鉅資爭取到洛杉磯奧運會組織委員會確認的指定產品標誌，並獲得在奧運會新聞中心設立服務中心的權利。在奧運比賽期間，繪有奧運五連環的標誌、和印有富士標誌的綠色飛船一直飄揚在奧運會場上空。柯達公司著實慘輸了一次，而這次的勝仗也讓富士底片搶到美國百分之十五的市場佔有率。

市場競爭的挫折，使柯達公司不得不重新調整競爭戰術。柯達公司緊緊咬住盯著富士公司的動態，密切注視著它的行蹤。富士的每種產品都被柯達公司收集之後，送到實驗室進行分析研究，以發現其中的奧妙。

當時柯達的一些員工不滿地稱此舉措為「老二戰術」：跟隨著富士的腳步，富士怎樣做，柯達公司就怎樣做。這對稱霸市場很久的柯達員工來說，豈不太諷刺、太無奈？

但這個方式卻讓柯達公司受益不小。如富士公司的底片沖出來的照片比柯達的產品鮮豔得多，普遍受到顧客的歡迎。一九八六年，柯達公司開始採用富士公司的做法，也推出新型柯達底片，顏色果然比老產品鮮豔了許多。

柯達公司除了在產品上積極學習富士公司，同時在經營管理上也學習富士公司的做法，積極推行日本式全面質量管理的方法，也獲得了很好的效果。例如，在相紙上光部分，只要出現人的頭髮十分之一寬的線條，整個大卷的相紙就得作廢。另外，底片部門在一九八五年以前產品合格率只有百分之六十八，而開展學習富士公司的行動之後，產品的合格率竟達到百分之七十四，一九八七年又提高到百分之九十。

在產品銷售活動中，柯達公司也積極學習富士公司的做法。一九八六年，柯達公司把日本唯一的一條大型飛船租了下來，一艘塗著巨大柯達公司標誌的飛船就這樣日夜飄浮在東京上空。另外，在一九八八年的漢城奧運會上，柯達公司以五千萬美元的價格買下了漢城奧運會標誌的使用權。至此，柯達公司總算報了一箭之仇。

柯達公司的競爭戰術，果然讓富士公司感受到巨大的壓力。富士公司在美國的子公司副總裁查普曼說：「我希望柯達公司還是像以前一樣，不把我們放在眼裡。現在這種討好方式，還真讓人受不了。」

如今，雖然底片時代已然遠去，但當年這段精采的「老二戰術」仍是值得人們深思。

遠渡重洋鍍金，打開國內市場

一九五九年，稻盛和夫與松風工業公司的一名職員共同創建了京瓷公司（Kyocera）。他們拚命工作，努力奔走推銷產品，積極說服各廠商試用。但當時美國製品佔有大半的日本市場，較具規模的電器公司只信任美國的製品，根本不採用日本廠商自己生產的東西。稻盛心想，既然日本市場猶如銅牆鐵壁般難以打入，不如以奇招制勝。這一招就是讓美國的電機工廠使用京瓷公司的產品，然後再輸入到日本，以引起日本廠商的注意，屆時再進入日本市場應該就容易多了。

一九六二年，稻盛和夫隻身前往美國。此行的目的，並不是要開拓美國市場，而是為了打進日本本土市場。美國廠商不同於日本，他們不拘泥於傳統，不管賣方是誰，只要產品精良，禁得起他們的測試，就可以採用。這給稻盛和夫帶來了一線希望。儘管如此，想在美國推銷產品卻也不是一件容易的事，稻盛和夫在美國將近一個月的時間裡，推銷行動全部都吃了閉門羹。遭受這樣的失敗，稻盛和夫很生氣地下決心再也不去美國，但回國後又發現，除了這個辦法，實在也沒有其他更可行的好主意了，於是只好又返回美國。

皇天不負苦心人。稻盛和夫從西海岸到東海岸，一家一家地拜訪，終於在拜訪數十家電機、電子製造廠商以後，找到了德州儀器公司。當時，該公司為了生產阿波羅火箭的電阻器，正在找尋耐度高的材料，經過非常嚴格的測試後，京瓷公司的產品終於擊敗了全世界許多著名大廠的製品，獲得採用。

這是一個轉捩點，京瓷公司的製品獲得德州儀器公司的好評而採用後，許多美國的大廠商開始陸續與他們接觸，終於使稻盛和夫如願以償，將產品輸出到美國，使它成為美國產品後再運回日本銷售，最後終於打響了京瓷公司的名號，所製造出的產品不但開始在美國銷售，也拓展了日本本土的通路。

闖出名號，打造自我品牌

曾擁有「世界網球拍大王」頭銜的羅光男，當時他在台灣被稱為「憑一支球拍打出天下的青年創業者」。他所製造的「肯尼士」網球拍可說是世界運動用品之冠，並讓台灣有了網球拍王國的形象。

羅光男創業之初，與友人合夥開了一家製造羽毛球拍的加工廠，業務雖有較大的發展，但正如俗話所說「合夥的生意難做」，尤其在賺了錢之後，對於經營等方面大家的意見更多。於是三位事業夥伴只好分手，羅光男也打出自己獨資的旗號。這時候，羅光男雖然獲得了企業的經營權，卻還沒有自創的名牌，即使在公司已能製作出世界第一流的高品質高性能球拍的情況下，也只能接受國外知名品牌廠商委託加工。訂貨下單的主動權掌握在別人手中，只能賺取微薄的加工費。

因此，羅光男認為：「沒有自己的品牌，只能一輩子為人作嫁衣。」於是在一九七七年，羅光男推出自創的「光男」牌網球拍，向國際市場進軍。它用國外引進的太空材料「碳纖維」來製造，因此重量較木球拍、鋁合金球拍輕，堅韌無比，結構牢固，打球穩定性強，控制靈活，也不會因氣候影響而變質，被世人稱譽為「超級球拍」。

羅光男後來更注重廣告宣傳與行銷，因此將「光男」換了個頗具西洋味的品牌名稱「肯尼士」，並以「K」字為商標，從而一躍成為世界網球拍銷售之冠，從中足以見得塑造品牌形象的重要性，並不亞於品質本身所帶給消費者的影響。

創新與專業，競爭力不墜

杜邦公司的總部設在美國，是世界首屈一指的化工企業，以生產尼龍、塑料等化工製品著稱。這家公司能夠不斷發展，最後獲得經營上的成功，與其不斷開拓、著眼未來，敢於投資科技研究和開發新項目的魄力是分不開的。

杜邦擁有各科專家和工程師，負責在美國和世界各地進行各種相關研究，每年科技研究經費的開支高達十多億美元。這是由於杜邦公司的決策者深刻領悟到，在科技日新月異和競爭日益激烈的今天，產品是企業的生命，一成不變地生產、經營固定的產品，企業是不會興旺，而最終要自取滅亡的；只有不斷地根據市場需求和科學技術的發展來開發新產品，才是企業經營的根本之道。企業的生機所在，就表現在產品的推陳出新之上。

因此杜邦公司除了不斷改進和提高尼龍和塑料製品的經營與製造之外，還不斷開拓新的項目，以此促進企業的發展。包括推出航太工業所需的各種性能零件，這些零件具有傳統金屬所不具有的性能，具有高強度、堅硬、輕質、耐磨性、易加工保養的多性能特性。

另外，開拓汽車應用塑料也是杜邦的主要項目之一。杜邦公司已開發出一種叫維斯珀爾的超耐磨樹脂，能用於汽車空調系統的各種閥門；還開發出一種類似橡膠的塑料，能承受高溫和振動，可作為發動機的支承部分。近年杜邦還極力以發展電子新材料為主力方向。他們研製的一種塑基膠片，能用雷射構思設計電路板的複雜電路。

在纖維方面，杜邦公司在一九八七年推出了斯坦麥斯特纖維，用它製成地毯不怕弄髒，極易清潔。另一種新產品叫塞馬克斯張纖維，它製成服裝後在寒冷地區穿著能保暖，在炎熱地區穿著感到涼爽。這些產品在市場上都極具競爭力。

在食品包裝和衛生保健方面的新原料開發，杜邦公司也不斷加緊進行，並獲得了令人眼睛一亮的進展。創新的「杜邦」，總能從「無」中創造出「有」！

而杜邦也一直塑造出專業研究的企業形象，不僅僅是形象包裝，也是公司真正的硬實力。杜邦不滿足於現有的成果，而不斷地研製出新的產品，而成為世界上最大的化工企業。

悄悄研發新品，重擊對手

日本精工（SEIKO）與卡西歐（CASIO）兩家公司總是各顯神通，都想在手錶製造業的這場競爭中，脫穎而出。

當精工公司發現瑞士人發明並研製了石英電子錶之後，預測到在未來一段時間內，市場將大量需求這種物美價廉的手錶。便以仿造瑞士錶為主，研發相關錶款，並且很快佔領了國際市場，卡西歐公司在這一競爭中儼然成了敗將。

不過，卡西歐公司並不氣餒，經過分析，他們認為尾隨精工之後，難以與之爭勝，不如另謀出路。於是，一方面裝作若無其事的樣子，並放出風聲說準備轉變產業跑道；另一方面卻在暗中以石英晶體做震盪器的顯示技術為目標，大力進行研製。經過反覆實驗，果然開發出精確度更高、造價更低的石英電子手錶。使得精工公司不得不採取新的策略，重新迎接卡西歐公司的挑戰。

此後，卡西歐公司再以石英震盪器為主，開發了一系列新的電子產品，除電子手錶之外，還大量生產收音機、電子鐘、文字處理機、計時器和電視機……等產品，公司業績與產品效益日益提高。

在此一案例中，卡西歐公司在與精工公司競爭中處於劣勢，所以公司故意以轉產為表象，實則是為了讓對手鬆懈，以掩蓋研製廉價電子錶的目的，從而在競爭對手措手不及的情況下佔領手錶市場，重擊競爭對手。

捍衛商譽的專利權保衛戰

當年福特公司推出世界上第一輛能夠大批量產的汽車之後，產量和銷量日趨增長，但卻發生了一件棘手的麻煩事。

那時紐約有一個叫喬治・席頓的律師，此人能說善道，善於鑽法律漏洞。他從來沒有製造過汽車，甚至於連汽車零件都沒有摸過，但他卻在一八七〇年申請獲准了一種「安全、便宜而結構簡單的汽車」的專利。他註明的內燃機引擎用的燃料是汽油。也正因這項專利包括的內容太籠統了，所以幾乎凡是想製造汽車的人，都有可能侵害到他的專利權。因此，當時有好幾家公司每年都要按收入比例支付給席頓一筆專利使用費，大家明知這是不公平的，但畏於他是個名律師，恐怕鬥不過他，因此沒人敢輕易得罪他，只好繼續吃這種大虧。

當福特汽車開始大賣時，有一天席頓找上了福特。他熱烈地握著福特的手，連聲道賀：「這款汽車一上市，真可說使所有的車黯然失色，恭喜你，福特先生！」

「謝謝你！」福特早就聽說過這個人，也知道他來的目的，所以表情很冷淡，「我只不過設計了一部車子而已，算不了什麼。」

席頓這種人最善於察言觀色，他一看福特的表情，知道用軟的是不會有什麼結果的，於是馬上臉色一變，說：「我今天到貴公司來拜訪，有一件很重要的事情想請教。」

「什麼事？」

「我先請你看一件東西，」席頓打開他的皮包，取出他的汽車專利權證書，遞給福特說，「這是我在一八七〇年註冊的專利權，請你仔細看一看。」

福特接過來，不經意地翻看一下，還給他說：「我想不出這個證件與我有什麼關係。」

「噢，關係可大啦！」席頓誇張地說，「你新上市的汽車有不少地方是跟我的專利是雷同的。」

「閣下的意思是，我的新款汽車抄襲了你的專利？」福特很不客氣地問。

「我想是的，這也正是我今天來拜訪你的原因。」

「請你聽明白，席頓先生，我製造汽車不是一年、兩年了，從來沒有抄襲過別人的東西。事實上，別人的東西我也看不上眼。」

「這是講究法律的，只憑強辯沒有用。」席頓鄭重其事地說，「如果我告到法院，對你的損害將是很大的。」

「你想威脅我嗎？」

「這不是威脅，是事實。」席頓語氣一緩，壓低聲音，改用商量的神情說話。「當然，我並不希望把這件事鬧到法院，我只希望你了解這件事情的嚴重後果。」

「閣下的意思……，是不是想要我付給你一筆使用費？」

「我想，這該是解決問題的最理想方式。」席頓很委婉地說，「有很多人都是這樣跟我解決的。」

「我不管別人怎樣做，」福特憤然地說，「我絕不做這種冤大頭！」

「咦？」席頓一驚，帶著不相信的語氣說：「你的意思是寧願鬧到法庭解決？」

「是的！」福特回答得斬釘截鐵，沒有絲毫商量的餘地，「我認為這是最公平的解決辦法。」

席頓悻悻地拎起皮包，臨走又丟下一句話：「如果你後悔你的決定，三天之內還可以找我商量。」

席頓走後，福特的祕書走過來焦急地說：「這個傢伙是有名的難纏人物，再加上精通法律，實在不好惹。如果損失一點錢能夠和解，還是和解的好。」

「不！」福特說，「這不光是錢的問題，如果我給他專利費，無異證明我的新款汽車是仿製他的東西。事實上，這是我和威爾斯、蘇倫生三人心血的結晶，絕不可以讓他坐享其成。」

「可是，他一定會想盡各種辦法打擊你，我怕你鬥不過他。」祕書擔心地說。

「有公允的事實作為後盾，我相信我不會輸給他的。」福特很有信心地說，「我早就研究過，他得到的專利內容是不公平的。」

由於福特堅決不肯付給席頓使用費，結果真的鬧上了法庭。正如那位祕書所預料，席頓是個厲害的人物，他想一下子把福特打倒，使他永遠爬不起來，還唆使其他汽車製造商一起控告福特侵害他們的權益。

說起來，這些小廠商是很可憐的，他們自己沒有設計研究的能力，只好東拼西湊地裝配汽車，其中有些零件與席頓的專利雷同，在他的威脅下，只好支付使用費給他。現在席頓又唆使他們，說福特侵害了他們的權益。這些人一想也對，他們付錢給席頓買下了使用權，怎麼能讓福特白白地製造？而且福特有研發與製造汽車的能力，倘若福特勝訴，豈不再也沒有他們這些小廠商的立足之地，日後汽車的天下都將是福特的了。所以這些小廠商也願意一起控告福特侵權。

除了在法院控告福特之外，席頓還施展一招殺手鐧——鼓動與福特競爭的同業放出謠言。這些謠言說：「福特已經被人告到法院在打專利官司，他的汽車是否合法還不知道，一旦法院判決福特的汽車是違法的，購買者將受到意外損失或招致麻煩。」

福特聽到這個謠言大為惱火，當即決定把一筆建廠用的資金送到法院作抵押，並公開聲明：凡購買福特公司汽車的人，如將來受到什麼損失，就以這筆資金照數賠償。

席頓的手段很歹毒，但福特的反擊辦法也夠高明。尤其他這種斷然停止建廠，把資金挪用到官司上的作法，充分顯示了他不顧一切要與席頓周旋到底的決心。這一氣勢，反倒使席頓也有點氣餒了。

最終，在一九一一年最後一次辯論終結時，法庭宣判福持獲勝，他的新款汽車並沒有侵害到席頓的專利權。

「我的勝利是意料之中的事。」福持當時發表他的感想說，「因為席頓的專利在本質上有很多問題，如果不限制他作任意的解釋，任何人製造的汽車都可能觸犯他的專利權。我不只是為不願意支付權利金而戰，亦是為了捍衛我的商譽而戰！」企業的形象，就等於企業的商譽，也是消費者決定是否買單的第一步，不可不慎。

抓住消費族群，推出創意元素

多年前，瑞典行動電話製造商易立信（Ericsson）曾是一枝獨秀的手機製造商，為了在激烈的市場競爭中取勝，它對當時歐洲用戶的需求進行了調查，發現大約每十位手機用戶中，就有四位希望擁有一部顏色鮮明的手機，如能經常更換手機顏色更好。

一般消費者都認為，五彩繽紛的顏色帶給人新潮的感覺，但卻不願意為了更換顏色而購買多支手機。針對此情況，易立信推出了新型號的行動電話。這款新機具備五款不同的外殼，用戶可以隨著自己的心情或喜好，更換手機外殼，手機外貌就立即煥然一新。這系列的五款外殼，每款都有獨特主題，其中有四款設計，分別出自瑞典、美國、匈牙利等國家的藝術家之手。

當時的易立信執行董事約翰・斯伯格認為，若將手機加入了藝術元素，就更能展現出使用者的個人品味。藝術設計讓手機變身成時尚飾物，而走在潮流尖端的消費者和年輕人，對這個新概念最易接受。易立信公司掌握到消費者的心理需求，刻意將產品改頭換面，讓手機搖身一變，變成外型吸引人的藝術品，自然也讓銷售量一時大增，當然也促使往後很多的手機業者起而效之。

如今，雖然易立信已然退出一級大廠的地位，但現在蓬勃發展的手機套、手機殼、耳機孔塞生意，或許也得感謝這位老前輩的創意。

不花大錢，也能巧妙行銷

企業可以通過公關活動、贊助活動、組織競賽等，塑造企業的良好形象，提高企業的知名度，從而為產品打開銷路，這就是「以迂為直」在營銷上的巧妙運用。

上海棉紡曾從西德引進一台絨線機，可以生產各種花色的絨毛線。一開始，上海棉紡並沒有在市場上先推銷產品，而是分別在報紙、電視上登廣告，舉辦千人編織競賽。

競賽者必須使用該牌絨毛線，競賽後評選出一、二、三等獎。於是，該廠門市前開始大排長龍，人們競相購買新出廠的絨毛線，參賽者多達三千多人。

這些編織高手不僅織出了常見衣物，為了拔得頭籌，參賽者紛紛使出渾身解數，將競賽作品內容擴展到床罩、沙發套、桌巾等各式用品上，不但讓人們對毛線工藝大開眼界，還為上海棉紡新出廠的品牌絨毛線做了最成功的宣傳。最後，甚至有幾家編織工廠還從中選出最佳的款式進行量產。

當然，在報紙上也刊登出《千人巧結圈圈絨》的專文報導，讓上海棉紡的聲名遠播，使得絨毛線的銷量大增。

分期付款創舉，買賣雙贏

有「汽車大王」之美譽的艾科卡，是一位世界超級企業家。在他年輕時，曾經在福特汽車公司賓夕法尼亞州威爾克斯巴勒地區的一個區當銷售經理，推銷福特汽車。

剛開始時，艾科卡任職地區的銷售情形很不好，在威爾克斯巴勒地區的十三個小區中，銷售額倒數第一。

艾科卡在經歷了數次失敗後，想出了一個新主意：就是當顧客決定要買一九五六型福特新車時，可先預付百分之二十的頭期款，其餘的金額可以用每個月支付五十六美元的方式，分三年付清。這樣幾乎任何人都能買得起福特汽車了。艾科卡把這種購車辦法叫做五十六元換「五十六型」。

艾科卡的這個辦法立竿見影，顧客聞訊後，紛紛前來他這裡買車，短短三個月內，艾科卡所在地區的銷售汽車數量就已躍居全國第一。

當時福特汽車公司的負責人羅伯特・麥克納馬拉，非常讚賞艾科卡的這一劃時代的銷售創舉，並將此方式列入全國公司銷售戰略的一部分，公司因此多銷售出七萬五千輛福特汽車。

艾科卡從此一舉成名，晉升為華盛頓區經理，也開啟了他日後事業的成功。

遠而用助，另闢銷售網

本田機車（HONDA）在日本的市場佔有率頗高，這是由於本田有著龐大的銷售網，而這些都是從日本的自行車零售商店開始起步的。

一九四五年，本田宗一郎拿到了五百個日本軍隊野外發電機的小引擎。他把這些小巧的引擎安到自行車上。這種改裝的自行車非常暢銷，五百輛很快就售完了。本田從這件事上看到了摩托車的潛在市場，成立了「本田技研工業株式會社」，決定開創摩托車事業。

於是，一批批可以裝在自行車上的引擎生產出來了，但僅僅靠當地的市場是容納不了的。本田宗一郎面臨著如何將產品推銷出去的問題。

本田找到了新的合夥人，他叫藤澤武夫，過去是一位對銷售業務很有一套方法的小承包商。當本田與藤澤商量該如何建立全國性的銷售網時，藤澤建議說：「全日本現在約有兩百家摩托車經銷商店，他們都是我們這樣的小製造商拚命巴結的對象，如果我們要涉入其中，就會損失大部分的利益。」

「但同時，請不要忘記，全國還有五萬五千家自行車零售商店。」藤澤接著說，「如果他們為我們經銷這款引擎，對他們來說，既擴大了業務範圍，增加了獲利渠道，同時又有刺激自行車的銷售。加上我們適當讓利，這塊肥肉他們會不吃嗎？」

本田一聽，覺得真是條絕妙好計，立即請藤澤開始進行。

於是一封封信函雪片般地飛向遍佈全日本的自行車零售商店。信中除了詳細介紹引擎的性能和功效外，還告訴零售商每個引擎以近三成的利潤回饋給他們。

兩星期後，一千三百家商店回饋了積極的反應，藤澤就這樣巧妙地為「本田技研」建立了獨特的銷售網。本田產品從此開始進軍全日本。

摩托車經銷商對銷售摩托車業務熟稔，並有廣泛的業務網絡，但確對本田的新商品興趣缺缺；自行車零售商距本田雖然「遠」，並對本田機車的銷售業務不夠熟悉，但卻遠而有「助」。可見善用行銷策略與銷售網絡的企業，才會是最後贏家。

優質售後服務，樹立企業形象

有句俗話是「鬻馬饋纓佔先手」，意思是把馬賣出去以後，隨之把披在馬身上的漂亮帶子也贈送給買主。在企業營銷中，這「纓」就泛指是「售後服務」。

美國企業家，銷售之王喬・吉拉德曾為他的發跡訣竅自豪地說：「有一件事許多公司都沒能做到，而我卻做到了，那就是我堅持銷售真正始於售後，並非在貨品出售之前。」這種始於產品銷售之後的營銷謀略，也有人稱之為「第二次競爭」。

世界上許多優秀的企業無不注重這種售後服務。如美國的凱特皮納勒公司是世界性的生產推土機和鏟車的公司。它在廣告中說：「凡是買了我產品的人，不管在世界上哪一個地方，需要更換零配件，我們保證在四十八小時內送到你們手中。如果送不到，我們的產品就免費贈送給你們。」他們說到做到，有時候為了把一個價值只有五十美元的零件送到偏遠地區，不惜用一架直升機送貨，費用高達兩千美元。

如果真的無法按時在四十八小時內把零件送到用戶手中，他們也確實會按廣告說的那樣，把產品免費贈送給用戶。此種做法看似賠錢，卻換來了良好的企業商譽，也因此這家公司經歷五十年而不衰。

再如日本的日立公司（HITACHI），有一次，一名美國遊客在東京日立公司的售貨點買了一台組合音響，買後發現裡面漏裝了配件。他本打算第二天去退貨，沒想到日立公司的人卻連夜找上門來，為他補了配件，並再三道歉。原來，音響售出後，日立門市部也發現遺漏了配件，於是連夜向東京各旅館查詢，都未能找到這名美國遊客。於是，他們根據這名顧客留下的一張美國名片，查詢到他在美國紐約的父母電話號碼，透過聯繫，終於找到這位遊客在東京的地址。

知名企業對於售後服務的「第二次競爭」極其重視，這也是讓顧客再度上門、並且塑造良好企業形象的不二法門。

Chapter 5
產品定位，搶先嗅出商機

以顧客為中心進行生產活動和行銷活動，是企業經營理念成熟的重要表現。一個有遠見的企業要具備對市場反應敏銳的特質，確立企業的自我定位與經營策略，了解市場的需求，才能把企業帶向獲得最大利潤的成功之道。

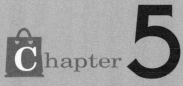

獨特包裝與配方，穩坐飲料龍頭

可口可樂問世，已有百年以上的歷史了。自可口可樂公司建立以來，曾幾度易主，還一度陷入嚴重的財政危機。幸而當時改由一位名叫羅伯特·伍德拉夫的年輕人掌公司大權，才使可口可樂公司轉危為安並迅速拓展，他也被美國人譽為「可口可樂之父」。

伍德拉夫是個眼光獨到的生意人。二次大戰爆發後，精明的伍德拉夫看準時機，為美國軍隊的官兵提供廉價的可口可樂，並使其成為軍需品，戰爭期間，美國士兵將可口可樂的誘人之處傳播到了歐洲許多國家。二次大戰結束後，可口可樂的年銷量就達到五十多億瓶，從此，公司也成為世界知名的大企業。

可口可樂之所以風靡世界經久不衰，其秘訣有以下幾點：

首先，它以品質優良與獨特口味取勝。其次，是強而有力的企業經營管理策略。但更重要的是，它有亮眼的商標和別緻的包裝，再加上能夠吸引大眾目光、活力四射的廣告。

在廿世紀八〇年代之後，出現了一位領導風格與過去迥異的董事長，帶領可口可樂走入了新一輪輝煌時期，此人就是古茲維塔。「可口可樂之父」伍德拉夫選中了年輕有為、精明能幹、辦事講究效率、對產品質量要求嚴格的羅伯托‧古茲維塔擔任公司董事長。古茲維塔也沒有辜負伍德拉夫的期望，在他上任後四年多一點的時間裡，就把可口可樂公司帶入資產高達七十四億美元的經營巔峰。

由於歷史條件的不同，古茲維塔因受伍德拉夫的特別青睞而登上董事長寶座，可在經營管理上，他沒有繼續貫徹伍德拉夫的傳統方法，而採取了截然不同的方式。

在金融方面，伍德拉夫可以說是一位保守的金融家，他厭惡債務。經濟大蕭條前夕，他及時償還了公司的全部貸款，謹慎的財務戰略使可口可樂公司的資金中長期債務不到百分之二。但他在經營過程中，卻把長期債務增加到百分之十八，用這些資金來改建可口可樂公司的裝瓶業務，並買下了哥倫比亞影片公司。他認為只要有利可圖是可以不必害怕增加公司的債務負擔。

古茲維塔是一位出色的企業家，他大膽地把神聖不可侵犯的可口可樂商標用到了新產品「健怡可口可樂」上。這在當時曾被視為異端，但事實證明他是對的，不到三年，「健怡可口可樂」便成了美國國內銷售量名列第三的飲料。

古茲維塔受到這個勝利的鼓舞，把可口可樂商標又用到另五種新產品上，在包裝上也作了很大的改變，使傳統的玻璃瓶裝可口可樂只佔總產量的百分之○・一。

早在伍德拉夫統治時期，百事可樂公司利用可口可樂配方絕對保密這點，在穆斯林國家散佈有關可口可樂的謠言，造成一些阿拉伯國家拒絕進口可口可樂。困難擺在眼前，古茲維塔用上了商場上的絕招——廣告。除此之外，他還利用上層人士和社會名流，進行正面宣傳，使得可口可樂得以重振雄風。

一九八四年，公司通過調查發現百分之五十五的被調查者反映可口可樂不夠甜。以此為據，一九八五年四月古茲維塔大膽地拋開了有著九十九年歷史的老牌配方，採用了更科學、更合理的新配方。但遭到了老顧客的強烈反對，在一些老顧客及裝瓶商們的強烈要求下，為了滿足顧客的要求，古茲維塔無可奈何地將「原配方」的「古典可口可樂」重新推回市場，從而恢復可口可樂的本來面目。但他並沒有放棄新配方，決定繼續生產新配方。

消息傳開後，可口可樂公司的股票猛漲，而百事可樂的股票卻下跌了。在古茲維塔擔任董事長時期，公司不斷推出各種口味的飲料，使其他公司壓力倍增。如推出櫻桃可樂，在味道上同辣味博士可樂很相似，對其極為不利；還推出芬達橘子汽水，對R‧J雷諾工業公司的蘇打水也造成很大壓力。可口可樂公司在飲料行業裡擁有最發達的銷售系統，基本上控制或壟斷了這些業務。可口可樂已成了美國人生活方式的組成部分，公司也成為美國文化的典型代表。

除了經營上的利基，可口可樂總是有最高明的行銷策略。譬如在奧運這些擁有全球上億觀眾的大型賽事上，可口可樂從不缺席，努力爭取最大的曝光率。在廣告上，也以超高預算請到國際當紅明星代言，拍出的廣告總是傳遞出熱力四射、青春洋溢的氣息，以達到吸引飲料市場的主力客戶——年輕族群目光的目的，因此，在飲料市場的市佔率總是穩坐龍頭。

顧客的意見就是鈔票

美國西屋電器公司曾試著製造一種保護眼睛的白色燈泡，該公司先請一千三百家用戶各試用兩顆燈泡，在使用兩週後，會派員前往調查使用情況。百分之八十六的主婦反映：比過去的燈泡好用；百分之七十八的主婦反映：光線柔美。公司以此作為廣告素材，在十五個地區，委託一百家商店試賣十萬顆燈泡，並在各媒體登出題為《具有特別性能的電燈泡》的廣告，把兩次試賣結果及用戶的反映大力宣傳出來，也因此很快打開了銷路。

日本有家知名的三葉咖啡店，有一天，店主人發現不同的顏色能使人產生不同的感覺，於是突發奇想：能否選擇一種特殊顏色的杯子，幫助他發財？

因此他邀請來三十多位主顧，讓他們每人各喝四杯濃度完全相同，只有將杯子顏色互異的咖啡。杯子共分為咖啡色、青色、黃色、紅色四種顏色，然後詢問顧客：「請問哪種顏色的杯子咖啡濃度最好？」大部分顧客回答的結果都是：使用咖啡色杯子時認為太濃的佔三分之二，使用青色杯子的人幾乎都異口同聲說：「太淡了。」而使用黃色杯子的人都說：「不濃，正好。」至於使用紅色杯子的顧客絕大多數回答：「太濃了！」

從此，三葉咖啡店一律改用紅色杯子。該店老闆借助於顏色，既節約了咖啡原料，又使大多數顧客感到滿意。

無論是美國的西屋電器公司，還是日本的咖啡店，均採納消費者的意見作決策，坐收無往不利之效。

預測準確的經營之神

被譽為「經營之神」的日本企業家松下幸之助，在市場預測方面屢屢表現出令人吃驚的先見之明。

一九三三年，松下幸之助決定開拓電機這一領域，而當時這一領域早已有其他老廠商捷足先登；同時在家用電器上，充其量只有電風扇會使用到電機零件，市場極其有限。

但是，松下幸之助看到的是電機產業巨大的市場潛力，當年他向記者發表的談話中就已作出驚人預測：「將來，隨著生活與文化的進步，每家每戶平均使用十台以上電機設備的那一天必將到來！從這個意義上來說，電機設備的需求量是沒有限度的。正因為如此，我們致力於技術開發，今後當以小型電機為主要目標。」

如今，早已是家用電器稱霸的時代，如果沒有這些小型電機設備，家用電器就無從立基了。

松下公司由於半個多世紀以來始終致力於小型電機的研製、開發，因而引領了家用電器生產的時代風潮，成為全球知名的家用電器生產王國之一。從市場潛力就已嗅出商機，迅速為自己的企業找出定位，松下幸之助被譽為「經營之神」，真是一點也不為過。

定價塑造高檔形象

人生如一場棋局，有的人能預想十幾步，乃至幾十步，早早便做好安排；有的人只能看到幾步，甚至走一步，算一步。美國知名企業家米爾頓・雷諾在事業這場棋局中，的確是一位高手，他因善於靈活運用定價策略而獲得成功。

某次，雷諾發現一家製造鉛字印刷機的工廠因經營不善、效益低下而被迫宣告破產。但該廠生產這款印刷機的用途之一是能夠供百貨公司印製展銷海報，而當時許多百貨專櫃都在大力推銷產品，正巧需要大量的銷售海報，這款印刷機剛好滿足了他們的特殊需求。

於是，雷諾立即借錢買下工廠，然後把機器重新定名為「海報印刷機」，專門向百貨公司推銷。原來的印刷機，每部售價不過五百八十五美元，更名之後雷諾把價錢一下子提高到兩千四百七十五美元。雷諾認為，對某些獨特產品來說，定價越高，越容易銷售。果然，海報印刷機銷路頗好，讓雷諾大賺了一筆。

雷諾並不滿足已有的成績，而是時時刻刻尋找新的「搖錢樹」。一九四五年他到阿根廷商談生意時，又憑藉著自己具戰略家般的眼光發現了新目標——那就是至今不衰的「原子筆」。雷諾看準原子筆廣大的市場前途，馬不停蹄地趕回國內與人合作，晝夜不停地研究，只用了一個多月便拿出了自己的改良產品，搶在對手之前，並利用當時人們對原子熱的情緒，取名為「原子筆」。

之後，他拿著僅有的一個樣品來到紐約的金貝爾百貨公司，向公司主管們展示這種「原子時代的奇妙筆」其不凡之處：可以在水中寫字，也可以在高海拔地區寫字，這些都是雷諾根據原子筆的特性和美國人追求新奇的性格，精心制訂的促銷策略。

果然，公司主管對此深感興趣，一下子就訂購了兩千五百支，並同意採用雷諾的促銷口號作為廣告。當時，這種原子筆生產成本僅八美元，但雷諾卻將售價抬高到一百二十五美元，因為他認為只有這個價格才能讓人們覺得這種筆與眾不同，配得上「原子筆」的名稱。

一九四五年，在百貨公司首次推銷雷諾原子筆時，竟然出現了五千人爭購「奇妙筆」的壯觀場面。大量訂單像雪片一樣飛向雷諾公司。雷諾生產原子筆只投入了二十六萬美元資金，短短半年的時間，竟然獲得了約莫一百五十六萬美元的稅後利潤。等到其他對手擠進這個市場殺價競爭時，雷諾已賺足大錢，抽身而去。

「高價策略」即在商品投入市場之時，把價格定得較高，以便經營者在短期內獲得厚利，減少資金的周轉。當然，這需要具有超人的膽識和魄力，因為高價策略往往會面臨巨大的風險，但帶來的可觀利潤也通常極為誘人。

國際化賽事，讓產品話題不斷

義大利飛雅特（FIAT）汽車公司迄今已有百年歷史了。飛雅特公司在總結自己的百年創業史時，認為汽車小型化和國際化是戰勝一個又一個困難的法寶。正是有了這個法寶，才使該公司安然度過了兩次世界大戰、七〇年代石油危機、九〇年代初生產大衰退等危機。

義大利是個資源貧乏的國家，缺乏工業生產所需的礦產和原料，全國國土的五分之四是山地和丘陵，這些對發展汽車工業都十分不利。一九一〇年前後，義大利工人的年平均工資只有九百里拉，而當時一輛中等排氣量汽車的售價卻高達一萬里拉，受薪階級難以購買高價汽車。

汽車小型化的經驗，是由飛雅特創始人喬凡尼・艾涅里從美國福特汽車公司學來的，他於一九〇九年去底特律市的福特汽車廠參觀時，看到該廠開始生產經濟型小汽車，進軍較低階的市場；中等排氣量的汽車，同樣功率，在美國售價每輛只要八千里拉。艾涅里從中得到啟發，從此，他就定下了汽車生產的戰略：汽車要小型化，生產要系列化、目的在於降低成本、降低售價，以便奪取市場。於是，飛雅特「零型」小汽車誕生了，實際售價每輛低於七千里拉，並進行規模生產，年產達兩千多輛。

市場國際化也是飛雅特公司成功的重要經驗。義大利的經濟實力不及德國、法國、英國等西歐國家，義大利的國內市場對汽車需求量有限，因此，飛雅特公司從創辦初期就瞄準國外市場，果然銷量大增。

汽車的小型化和市場國際化使飛雅特公司創造了「奇蹟」。此後，飛雅特公司不斷推出自己的目標產品，並利用一系列的微型轎車，連續多年稱霸歐洲市場，為飛雅特公司創下利潤可觀的記錄。

飛雅特公司還以生產法拉利賽車舉世聞名，並已在世界汽車大賽上贏得了一百多次冠軍。有了這項優勢，飛雅特公司總是將最先進的技術用在賽車上，並曾不惜重金聘用如舒馬克這些世界超一流的賽車手，來參加最著名的世界大賽，以達到最大的廣告宣傳作用，這也是飛雅特公司的傳統。

在那段期間，有了法拉利賽事這項優勢，賽車活動所帶來的話題與新聞性總是從不間斷，等於是為公司做了最佳的行銷。

創造價值，不被時代淘汰

英國路透社是當今世界三大新聞通訊社之一，大量的新聞訊息每天從這裡傳向全球各地。如今，路透社這個有著百年歷史的英國老牌通訊社，仍以一貫穩健的作風繼續在它的舞台上演著主角，並且還將繼續演下去。究竟路透社是如何演繹當代傳奇的呢？

如今的路透社，實際上已與一百多年前僅是傳遞新聞的通訊社形象有所不同了，它如今擁有高達十數億美元的資產，而且每年的總收入中只有不到百分之六是靠出售新聞而獲得的。值得注意的是，路透社為全球各地外匯交易市場提供的外匯訊息服務，每年就至少能獲利十億美元，佔外匯訊息服務業市場百分之六十八的比例，幾乎壟斷了全球的外匯訊息服務市場。

此外，路透社還為全球各地的股票交易所提供股票行情消息。在過去幾年裡，路透社透過各種金融消息的發佈，獲得了極為可觀的利潤，有一年該公司的總收入還曾達到創記錄的七・〇五億美元。毫無疑問，路透社已經當之無愧地發展成為全世界首屈一指的金融資訊公司。

彼得・喬勃曾擔任路透社總裁，他這樣總結其經營理念：「對所有稱職的總裁們來說，他們的任務就是對好意見置之不理。」按照彼得・喬勃的解釋，不論一家公司實力如何雄厚，它的資金都是相對有限的，因此一家公司的總裁只能盡自己的力量去尋找真正絕佳的主意。在當今世界企業相互併購的環境裡，路透社絕不盲目趕時髦，而是謹慎小心地從公司內部挖掘潛力，尋找自我成長的空間。

尤其以路透社在全球的影響和經濟實力，不可避免地成為投資銀行家們逐鹿的對象。許多投資銀行家們找上門來，竭力推銷他們的收購企業計畫。當然這些計畫有時候聽起來很吸引人，然而喬勃卻從來不為所動，堅持他長期以來恪守的方針，努力使路透社立足於本行中不斷發展，而不輕易掏出大筆資金去收購其他企業。

喬勃認為，收購其他企業是單純地購買股權，而路透社要做的卻是創造新的市場，這兩者之間有著很大的差別。要想創造一個新的市場，很可能會遇到失敗，然而一旦成功，就能夠在這個新市場上成為主導者，整個市場都將屬於你。

在此指導方針下，路透社的投資並不意味著簡單地購買其他企業股票。而且即使他打算購買其他企業，也往往買那種尚處於發展階段的小型公司。路透社曾經買下兩家出售訊息管理軟體的公司，這兩家公司的軟體主要用來傳送和監控交易所電腦裡的即時報價，因此被路透社收購後便借助其訊息服務獲得市場，事實證明，這兩家軟體公司確實已為路透社賺進大把的銀子。

從金融消息的提供上來看，路透社如今已在全世界各大交易所擁有數十萬部電腦螢幕，隨時完整呈現外匯行情及股票價格。此外，路透社還開辦了進行外匯交易和股票交易的兩大交易系統，使得交易者們透過電子介面直接進行交易，傳統交易模式所必需的電話、傳真和經紀人等中間環節都被省略，大幅降低了交易的成本，提升了交易的效率。

在現今這個金融掛帥的時代裡，路透社仍憑藉著自己的實力與掌握市場需求的利基，穩坐江山、屹立不搖。

拳擊式產銷計畫，搶佔商機

美國在家用電器行業的起點上有兩位大功臣：一是理查遜，另一個是休斯。

休斯小時候，家境很不錯，他的父親是北達科他州的名律師，也許是受了他父親出庭辯護常常成為轟動新聞的影響，休斯愛上了新聞這一行業。

在求學這段時間裡，休斯的生活很平淡，既沒有突出的表現，也沒有落於人後。在明尼蘇達大學新聞系畢業後，他進入一家報社做事，這本來是他事業中很正常的順序，但卻在一次偶然的事件中，使他猝然放棄新聞工作，開始做起生意來。就在他大學畢業後，在父親的資助下，成立了一家小型電器公司，開始研究新產品，而他的第一個目標是做飯用的電爐。

當時有很多人已看出很多電器事業具有發展前途，都一窩蜂地在研究新產品，休斯當然也不例外，但研究什麼樣的產品才能賺錢，卻使他煞費苦心，當時休斯決定了一個大的原則，那就是他的新產品必須是每個家庭的必需品。他想：如果我能發明一種用電加熱的爐灶，就可以解決傳統主婦使用上的不便。電爐，不但符合他所定下的原則，而且使用簡便，只要能研究成功，必定會受歡迎。

從此休斯打開了電爐銷售市場，電爐銷售成功，休斯的事業基礎穩固了，他馬上又採取一個重大的步驟，擴充設備、大量生產、減低成本，因為他看準了一點——發展家用電器事業，規模愈大愈有利益。

「這種生意不但產品要精良，更要有能搶先上市的潛力。」休斯說，「因為大家的智慧是差不多的，一件新產品的問世，彼此在時間上的差距是非常小的。你製成一種電爐，別人或許也正在製造，如果讓別人的產品先上市，你的就失去一部分新奇和吸引力。」

休斯的競爭手段非常卓越，他常說：「這就跟拳擊一樣，當你一拳把對手打得搖搖欲墜時，你一定要盡快再補上一拳，不能等到他站穩了再出拳。」他這幾句話可以說是他一生做生意經驗的總結。

當他初到芝加哥闖天下時，電器業界沒有人把他看在眼裡，以為他只不過是一個小電器商人。可是，當他的電爐銷路急劇上升而同業們正在驚奇之際，他又推出第二項新產品，使同業都產生了措手不及之感。休斯以電器業「黑馬」姿態出現，而後能成為開拓者之一，不能不歸功於他的經營哲學——拳擊式產銷計畫。

在那個時代，人們對電或多或少都懷有一點點恐懼，對於這種消費心理，休斯非常理解，所以他的業務一發展開之後，售後服務也就跟著展開了。據說，他設計一種用戶訪問卡，凡是使用他產品的家庭，他會每週派人去訪問一次，問他們在用電爐時有沒有不正常的現象？烤爐是不是有什麼毛病？如有毛病，立即免費修理；如果主婦們有什麼疑慮，訪問人員也會親切地予以解釋。

在當時來說，這種訪問是非常必要的。主婦們不但對電器的使用方式需要更多了解，對電的知識也很想多知道一點，以增加使用電器時的安全感。

休斯摸準了這一消費心理，所以他的做法受到用戶們帶有感激意味的歡迎，因此，他的產品銷路得以突飛猛進。

看準趨勢，延攬人才拓疆土

當世界上第一台電腦問世時，電腦便以銳不可擋之勢進入世界的每個角落。剛開始由於很多消費者還不清楚軟體怎樣選購或操作，使得電腦的效用並未獲得充分發揮，有時甚至被閒置一旁。

當時年僅二十四歲的韓裔日本人孫正義，就以敏銳的眼光發現了這個薄弱環節，並找到了問題的癥結所在：開發軟體的公司與購買使用的消費者之間缺少互相溝通的橋樑，而造成雙方資訊無法交流。他想，如果能夠在兩者之間建立一條暢通的管道，溝通軟體開發企業與顧客之間的交流，那未來一定可以大展鴻圖！

孫正義抓住這一難得的機會，於一九八一年九月正式創立「日本軟體銀行」。經過廣泛的宣傳和努力經營，公司業績蒸蒸日上，從而名聲大振，孫正義也成為轟動一時的「企業界神童」。連日本經濟界一些資深企業家，也感到這個「神童」可敬可畏。

孫正義明白，當今世界已進人綜合運用電腦技術的時代，任何人僅憑個人能力單槍匹馬做事業顯然不行，為了在激烈競爭中站穩腳步，就要有一群精明強幹的創業人才。於是，他開始多方物色，招聘各種有識之士，也因此找來田鎖等人大張旗鼓的推動《軟體銀行》雜誌的發行。這份為宣傳和推銷軟體而辦的雜誌，在孫正義的督促下，從籌備出版到流通書店，總共只花了不到二個月的時間。

這驚人的速度和辦事效率，在日本出版界極為少見。此後，他們一鼓作氣，陸續創辦出版了七種雜誌。同時他們與電視台聯繫，大做廣告，促使雜誌銷售量猛增，很快達到三、四十萬份，在日本浩如煙海的各類雜誌書刊中，他們的雜誌營業額直線上升，迅速達到年營業額十五億日圓，發展速度驚人！

由於日本軟體銀行的迅速擴展，極需一個善於協調各方關係的高階經理人，孫正義求賢若渴，希望招聘「天賜」日本警備保障株式會社副社長——大森康彥。他甚至希望不惜一切代價，設法將大森康彥請到日本軟體銀行來工作。不久協商成功，大森康彥來到了日本軟體銀行，一九八三年三月，日本軟體銀行向外界宣布，該公司已經內定大森康彥為社長。這消息一傳開，立刻轟動了日本企業界。

大森康彥走馬上任後，憑著多年的經驗，立即著手整頓社內組織。在確保人才不外流的情況下，積極物色各方面的人才，發展壯大組織，同時健全一系列規章制度，使社內風氣為之一新。

在日本軟體銀行，從孫正義、大森康彥到基層職員都意識到：旗開得勝並不意味著今後能一帆風順，居安思危方能百戰不殆。況且軟體銀行創社初興，在強手如林的激烈競爭中，不能有半點陶醉和懈怠。

以孫正義為首的日本軟體銀行不僅是埋頭苦幹，他們還逐漸把焦點對準了國外市場，不僅決定在美國設立軟體銀行，還要去歐洲大陸開設公司。

抓住機會，招納有能力的人才，是商界大亨孫正義成功的兩大因素。具備這樣的條件，並不斷努力拓展自己的企業觸角，才能在商戰中立於不敗之地。

深入跨國通路，強調商品特色

三菱汽車公司（MITSUBISHI）創建於一九〇五年，公司總部設在日本東京。從一九三二年三菱重工業汽車部開始生產第一輛大型客車算起，日本可說是目前最大的大型客車製造企業。

一九七〇年，三菱發現一條低成本、低風險進入美國市場的途徑。當時三菱汽車除了在美國的名氣不夠響亮之外，業務人員在銷售上的努力也不夠，他們往往更賣力地推銷美國公司的小轎車，因為銷售這樣的產品盈利更多。

所以，三菱需要在美國建立一套強大的銷售網路，也要解決和美國同行的競爭、產品的低知名度以及新市場存在的文化差異等問題。於是一九八五年，三菱FUSO卡車美國公司（MMSA）成立，並建立起一套營銷策略來面對市場的不確定性，以使銷售和收益均獲得成功。

在低配額下，公司要MMSA的副總裁理查德意識到，在進口產品市場的激烈競爭中，他所面臨的任務是要使美國消費者相信三菱汽車具有獨特的優點，是別家汽車無可取代的產品；另外，也要建立更多的銷售據點。

因此，理查德決定把銷售戰略建立在顯示母公司的實力上，而不是使三菱的產品看起來像其他家的汽車。對於同一個市場層次來說，三菱所選的產品線和所訂的價格都在當時其他日本汽車之上。這也使三菱在人們心目中，比其他與之競爭的產品具有更多的特點、更強的技術、更多創新和更合理的價格。從此，三菱公司在美國市場中逐漸生根發芽，發展壯大。

扶持競爭對手，創造互利價值

微軟和蘋果電腦一直是電腦市場上的「重量級拳王」，互為對手，在市場競爭中不斷鬥智鬥勇。在一九九七年，電腦界曾經傳出了一項驚人的消息，微軟公司的總裁比爾．蓋茲宣布，他要向當時陷入危機的蘋果電腦電腦公司注入資金一．五億美元。消息一傳出，電腦界無不為之愕然，全球亦一片嘩然。

當時的蘋果電腦公司龍困淺灘，昔日的王者風範逐步消退，差一步就要被淘汰出局，若微軟再出重拳，肯定會將蘋果電腦逼到絕路。但微軟非但沒有這樣做，反而拉了蘋果電腦一把，著實令世人大吃一驚。

微軟的此番行動究竟所為何來呢？

蘋果電腦是賈伯斯與夥伴沃茲尼克在美國矽谷的一個破舊車庫裡創立的，賈伯斯也是第一個將電腦定位為個人可以擁有的工具，就像汽車一樣，可供每個人使用，這在那時可是破天荒的觀念。對一般人而言，過去的大型電腦簡直是一頭巨型怪物，被供奉在電腦中心的冷氣房中，精心保護著，只有少數受過專業訓練的人，才可以接近並利用它來做點事。

賈伯斯基於自己的想法，推出可供個人使用的蘋果電腦，引起電腦迷們的重視。尤其是蘋果電腦所開發出的麥金塔軟體，更是一件劃時代之作，開創了在螢幕上以圖案與符號呈現操作系統的先河，使消費者用起來更方便，是軟體業的革命性突破。

靠著這些致勝法寶，蘋果電腦公司一誕生便一鳴驚人，它的銷售業績連年遞增，經營規模不斷擴大，企業實力迅速增加，在個人電腦市場的佔有率曾經一度超越老牌巨人IBM公司。蘋果電腦公司志得意滿、威風八面，大有傲視群雄的派頭。

但時代的潮流同時也造就了一大批電腦業的後起之秀，如微軟公司及網景公司等。這些電腦業的新秀充分利用網路化這一趨勢，創造自身在某一領域的優勢，從而站穩了腳步並獲得迅速的發展。當時的蘋果電腦公司在這一潮流中卻反應遲緩，行動停滯落後，使它自身原先的優勢逐漸喪失，市場佔有率急劇萎縮，財務收支狀況連年惡化，一九九五、一九九六年都連續處於虧損狀態，虧損金額竟高達數億美元。

為了挽回昔日聲譽，重現蘋果電腦雄風，蘋果電腦公司也做了諸多努力：一九九七年蘋果電腦公司宣布裁員計畫，試圖靠降低人員開支來降低成本，達到阻止經營惡化的目的。蘋果電腦甚至重新請出創業元老賈伯斯出任總裁，希望藉此恢復蘋果電腦元氣。儘管如此，蘋果電腦的經營業績仍然不盡人意，昔日的王者之氣已喪失殆盡，蘋果電腦帝國已處於風雨飄搖之中。就在蘋果電腦公司焦頭爛額、度日如年之際，昔日的對手微軟公司突然伸出了援手，不僅讓蘋果電腦深感意外，也讓所有的電腦界人士迷惑不解。

在爾虞我詐、你死我活的市場競爭當中，此舉幾乎可說是奇蹟。儘管微軟公司總裁比爾・蓋茲曾是蘋果電腦公司中的一員，參與過風靡一時的麥金塔的研製開發，但和自身的經濟利益相較起來，這一份對蘋果電腦的舊情無疑就顯得份量太輕了。

其實比爾・蓋茲向蘋果電腦公司注資一・五億美元幫助蘋果電腦渡過難關，是另有其打算的。蓋茲深知，「瘦死的駱駝比馬大」，蘋果電腦作為一家輝煌一時的電腦霸主，儘管元氣大傷、窘境連連，但他潛在的實力卻不可低估，就像是微軟異軍突起的致勝法寶「WINDOWS」作業系統軟體，也有蘋果電腦的麥金塔軟體的影子在裡面。

許多電腦公司也都抓住蘋果電腦此時欲振乏力的機會，紛紛提出與他合作的建議，如一九九六年蘋果電腦就與康柏（COMPAQ）等公司結成了聯盟。微軟公司的一些主要競爭對手如國際商用機器公司IBM、大智公司，特別是網景公司也都借助與蘋果電腦的合作來和微軟明爭暗鬥。因此微軟公司仍不敢小看蘋果電腦與其他大軟體公司的合作，他們一旦取得某種突破，勢必會造成一定的市場衝擊，影響到微軟公司的經營業績。若及早將蘋果電腦拉到微軟這一邊，就可以減少對微軟的不利影響，提高微軟公司的經營安全度。

另外，比爾・蓋茲還考慮到了法律方面的狀況。美國《反壟斷法》規定，如果某企業的市場佔有率超過一定標準，市場中又無對應的制衡產品，那他就要面臨「壟斷」嫌疑的調查。若蘋果電腦公司徹底垮了，那麼以當時微軟公司作業系統軟體的市場佔有率（約百分之九十二）而言，就要受到美國司法部門和聯邦貿易委員會按反壟斷法進行質疑，若真那樣，微軟公司要為這場訴訟付出的費用將遠遠超過他向蘋果電腦讓出的市場利潤。

另外，如果蘋果真的消失，大批的麥金塔愛好者們也將紛紛投入到微軟的競爭對手陣營裡。反之，若把蘋果電腦拉過來，兩者作業系統軟體相加就差不多佔領了全部個人電腦市場，在這種情況下，微軟與蘋果電腦的軟體標準實際上就成了整個行業的標準，別人只有跟著走的份了。而當時微軟實力大大超過蘋果電腦，因此它也可以左右局勢，不必擔心受到蘋果電腦的牽制。保留蘋果電腦公司顯然是對微軟有利的。

這一仗果然造成兩大龍頭雙贏的局面。也證明了唯有掌握市場脈動，才會是市場最大的贏家。

了解市場需求，找出企業利基

機會總是青睞那些有準備的人，準備得多一些，屬於你的東西就會多一些。思想引導人的行動，有先發制人的思想，才能有先發制人的行動。所謂：識在人前，才能走在人前，但有識無膽，縱使識在人前，也必然落在人後。「先發制人」的招數，也須以膽識為基礎。

台灣過去首屈一指的大企業家王永慶所獲得的成就，正是因他有「識在人前，走在人前」的過人之處。在五〇年代初期，台灣的塑料工業還很落後，全世界塑料工業也正處於發展初期。王永慶卻看到了發展塑料工業的遠大前景，於是他毅然說服美國開發中心辦事處，借貸了六十八萬美元，籌建塑料廠。

從此，白手起家的他，四處招攬人才、籌措資金、開發新技術、開拓新市場，嘔心瀝血，全力以赴；短短二十幾年，產品由塑料工業擴展到石化工業，市場由台灣擴大到世界各地。

現在台塑早已是一家大型跨國企業，其分公司遍佈世界十幾個國家和地區。王永慶所留下的資產也十分可觀，世人至今仍稱他為台灣永遠的「經營之神」。

SONY董事長盛田昭夫也是因採取「先發制人」戰略而取得成功的。這具體展現在他的公司守則「誓做開拓者」之上。「開拓」就是鑽研、開發、創新之意。SONY也一直本著這種精神，求新、求變，不斷推出超越競爭對手的新產品，因而能從默默無聞的小企業發展到日本家電業界的權威，及至成為國際知名的品牌。最近甚至推出防水、防摔、照相高畫質的智慧型手機，重新搶佔國際市場、創出亮眼成績，這就是SONY不斷創新的最好證明。

SONY能不斷進步，不斷壯大，這與盛田昭夫「識在人前」的想法和採取「識在人前」的行動有關。他的經營理念是：「基本上應按市場需要來製造產品，但有時也需根據產品的性質來迎合市場。」正是基於這種想法，在他的努力下，SONY系列產品質量不斷提高，成本不斷降低，使得當時錄影機開始在學校和家庭之間流行起來，打開了銷路，市場佔有率也就戲劇性的不斷上升。

反觀當年，在SONY決定發展家用錄影機時，由於正逢石油危機過後不久，同行們還嗤笑這是「盛田昭夫的獨角戲」。到了今日，當家用錄影機不只在日本，而且在世界各國的家庭登堂入室，大為暢銷的時候，曾嘲笑的人不免瞠目結舌，不得不被他的雄才大略所折服。可見了解市場的需求，絕對是成功企業所必備的條件。

除此之外，韓國的領帶大王金斗植，也是個因「識在人前，走在人前」而取得成功的典型。在七〇年代，韓國的領帶大部分是合成纖維的，絲綢領帶還不到百分之五，百貨專櫃、西裝店都把絲綢領帶定位在高價商品。當時還在經營領帶的阿斯公司當職員的金斗植，看見外國人戴的絲綢領帶既華麗又能顯出風度，便向老闆提出生產高級絲綢領帶的建議。建議被拒絕後，他提出了辭呈，並於一九七六年十月二十五日，在一間不到十平方公尺的地方創業，開了零售領帶小店。

他生產的絲綢領帶很暢銷，生意越做越大。在經營上，他採取多樣化、量少和商標多樣化的戰略，使他開辦的克利福德公司不僅在國內營業額領先，且迅速的打入了國際市場。這家公司在當時每年出口和內銷的總營業額超過一百二十億元，居業界之冠。

能先抓住機會的人，會省去很多和對手競爭的時間，這樣成功的可能性也就會更大。所謂的先發制人即是這個道理，它絕對會讓你在市場競爭中，少走很多彎路。

人無我有，區隔產品

日本的「東麗」（TORAY，東麗株式會社）原本是一家名不見經傳的小公司，但該公司自一九七一年投資應用新原料的生產之後，已成為世界一流的碳纖維廠商。這與社長伊藤昌壽的經營策略絕對有關。

東麗公司運用的策略就是不與競爭對手展開正面的價格和同類品種的交鋒，而是採取「另闢管道，拓展新商品，實行產品差異化」，充分發揮人無我有的經營策略。

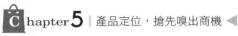

東麗從一九六五年開始研究合纖技術的運用，除了花下鉅額經費研究分析合纖這種新原料多元化的應用技術外，還派出大量人員到海外各地進行市場調查，最後將兩部分得到的資料進行篩選整理，使之異於同行產品，並確定以發展碳纖維為目標。

不久後，東麗公司的產品逐步被應用到製造高爾夫球桿、飛機材料、人造衛星天線等方面。一九七四年，東麗開始創造出不小的利潤，接著，東麗公司了解當時錄音機、錄影機的需求廣泛，而生產錄影帶和磁帶所需的多元脂薄膜的需求量增大，這正好充分發揮東麗的合纖技術專長。因此，東麗又投資生產多元脂薄膜，而成為當時合纖原料的最大供應廠商之一。

了解市場需求，對於公司獲利絕對有最直接的影響。

從銷貨狀況做即時的靈活判斷

倘若能根據市場變化，在同一條生產線上生產眾多種類的產品，不論少量還是大批量產，相信都能同樣獲得利潤。重點是要比對手更快地推出新產品。

花王公司（KAO，花王株式會社）是日本老牌的肥皂和化妝品公司，多年來在銷售方面的靈活性讓其他同業不斷模仿與學習。花王公司擁有的資訊系統使公司及其獨家擁有的批發中心能在二十四小時之內把貨物送到數十萬家店鋪中的任何一家。

它的合作夥伴曾說過：「花王公司在一項產品投入市場後兩個星期之內，就能知道它是否會獲得成功。它知道誰在購買這種產品，包裝是否可行，是否要做什麼改進？」

花王公司的做法表明，當充分發揮資訊的效能時，靈活性也就隨之顯現出來。在現代商戰中，企業家看到的已不僅僅是品質或數量這些表面的問題，他們正面臨一場「靈活性」的通路與市場的商業戰爭。

追求輕薄短小的時代潮流

日本著名的《日經商業》編輯部在《時代的要求：輕、薄、短、小》一書中指出：「商品的輕、薄、短、小化是知識與科學的結晶，是千百萬消費者之所求，是時代發展的新潮流。」

所謂「輕」就是輕便、精緻；「薄」就是厚度小、簡潔；「短」就是不大、精幹；「小」就是體小、輕巧。概括而言就是小而巧、省材料、省能源，物美價廉，符合當今社會大力提倡的環保觀念。這正是當前社會審美觀的新思潮，是產品設計的一個時代特徵。小巧產品以其精巧、輕便、物美價廉的優越性展現著無窮的魅力。

由奧地利工業設計師波思切（F・A・PORSCCHE）設計，義大利米蘭夏特維爾公司生產的「爵士」伸縮型燈具正是如此。這個產品當它收縮折疊之後，竟可猶如一本書一樣大小，微微弧度的燈臂板緊貼著燈座，透露簡潔、親切的設計感。當消費者在使用時，只要打開燈臂板，逐級抽出燈臂板，一座長達六十三公分的檯燈便展現在面前。

「爵士」燈具收攏擺在桌上時，如同一本平整的書。於是不少人稱之為「平如書本的檯燈」。「爵士」燈具不論居家使用，還是攜帶外出，均極為輕便。雖然整個燈具造型輕、薄、短、小，然而，功能結構卻達到消費者預期的方便、精巧及適用的需求。

設計師在這個產品的設計中，以伸縮結構推出富有新思維的獨特形態，在小巧和有限的零件中拓展產品的多功能，獲得了消費者對具有誘惑力和新鮮感的產品的青睞，而開創出一個嶄新的生活化消費市場。

跨國結盟，利於技術創新

日本富士通公司（FUJITSU）是以生產通信設備、電腦及電子產品為主的公司，是日本首屈一指的綜合通訊設備公司。富士通公司曾依靠與德國合資之助，從低谷走向頂峰，當然這只是其戰略的一部分。

富士通最初是從富士公司分立出來的，而富士電機公司則是日本古河電工同德國西門子公司的合資企業。由於古河電工的英文名第一個字母是「F」（該公司現名古河電器工業公司，FURUKAWAELECTRIC），西門子公司（SIEMENS）在日文中有個字母發音為「J」，將二者結合便成為FUJI，即「富士」。因此，這家合資企業名為富士電機公司。

後來，富士電機公司中的通訊設備部門分離獨立出來，專門從事通訊設備的製造和銷售，即是富士通株式會社。富士通從富士電機日德合資企業中分立出來以後，繼續從西門子公司引進技術，生產電話和電信交換設備。

從七〇年代開始的國際化時期，富士通公司開始跨國經營，海外公司紛紛建立。在高手如林的全球跨國企業中，富士通的營收不斷上升，證明公司重視市場的經營策略正確。

對於一個技術起點較低的企業而言，合資有利於在較高的技術平台上發展：富士通公司的誕生，可以說得益於日德合資企業。富士通初期的發展與茁壯，則是得益於德國西門子技術。顯然，富士通可說是日本企業與外國跨國公司合資，引進外國先進技術，迅速成長壯大為跨國公司的一部發展史。

另外，富士通的「技術創新」則是其發展的動力。富士通積極推動研究與開發、注重技術創新業，「高度的可靠性和超群的創造性」是公司的口號。富士通公司在日本國內外設立了許多個研究所，每年投入大量資金用於研究與開發，汲取最新技術。也唯有針對市場需求，不斷的進行技術創新，從市場面切入，才能獲得最大的利潤。

分散對手注意，異軍突起

美國廣播公司（ABC）、全國廣播公司（NBC）和哥倫比亞廣播公司（CBS）是美國廣播電視行業的三大巨頭。當默默無聞的泰德·透納準備在這個行業裡分一杯羹，並夢想著有朝一日能「四分天下」時，其實已悄悄制定了進攻策略，以求出奇制勝。他一方面製造一種「透納的亞特蘭大電視台實力弱小」這種假象給對手；另一方面卻不斷積累實力和資金。

因此，亞特蘭大電視台一開始公佈的經營方針是不涉足新聞製作，只傳遞生活娛樂節目。這個策略意味著亞特蘭大電視台的地位低下，經濟實力也很弱小，似乎無意與檯面上的公司一決雌雄。而當時任何大型傳播公司都熱衷新聞製作，耗資巨大，新聞製作展示著公司的實力，與廣告收益相輔相成，也同時代表著節目的一定市佔率。

一九七三年，透納做出了一個驚人的決定，以高價買下亞特蘭大的勇士棒球賽轉播權！雖然代價高昂，但透納醉翁之意不在酒，他是要以棒球賽為契機，建立起有線電視系統的亞特蘭大勇士網絡，開發和佔據這一頗有潛力的空白地帶。透納清楚地知道，他即將擁有一批忠實聽眾了，因為許多小型電視台由於費用太高而不願轉播此類節目。

透納靠電視台來賺錢，但他的另一個憧憬是建立有線新聞網，這是要贏得更為深遠意義的東西——在人們心中的威望，它是這場曠日持久的爭奪戰爭中最為關鍵的一步。透納深知，三大巨頭這一次不會再視若無睹了，他們馬上會對他的經營狀況展開全面的調查。

三大公司透過詳細而精密的調查，最後認為透納的冒險計畫不可能起步，即便起步也會很快的夭折，因為節目將達不到一般水準，資金亦會消耗殆盡。

但當那個時該到來時，誰也不明白透納是怎樣籌措到這一筆鉅額資金的！有線新聞網（CNN）不但正式開播，而且收視潛力頗佳。

另外，透納在人才問題上也下了一番苦功。他挖角了新聞明星丹尼爾・蕭爾及美國廣播公司中出類拔萃的華生、法默、蕭伯納和齊默曼加入新聞陣容。

但隨著透納的不斷勝利，三大公司開始向他發動了一系列的進攻，進攻的重點便是網絡電纜。透納受到了異乎尋常的壓力，電纜經營商要求透納降低轉播費用，亞特蘭大總部又鬧起罷工潮，要求增加工資。透納沒有時間計算自己的經濟損失，也沒有時間來舔傷口，他只能戰鬥，否則只有破產。

這時，出現在透納面前唯一的機會，也是最好的機會，那就是再另起一個新聞頻道。早在一個多月前，透納就已經知道了美國廣播公司關於增設新聞頻道的事，透納決定抓住這個機會。

如果聽任這件事出現，市場就會飽和，有線新聞網的廣告收入可能下降百分之五十八。而當時市場只能容得下一個有線新聞系統，二鳥爭食，誰也別想獲利。經過一連串的努力，新聞頻道終於領先了，有五十多家電視台購買了這個頻道的節目。透納終於實現了夢想，與三大廣播公司並駕齊驅。

經營媒體事業要想成功，除了硬體設備與人才外，最重要的就是廣告與行銷。以棒球賽為行銷契機，吸收更多的觀眾與周邊效益，是亞特蘭大電視台迅速開拓市場的最有效率的方式。

新穎設計，重新擄獲消費需求

在過去，美國和瑞士的手錶廠商可說是稱霸全球的手錶市場。美國的寶路華（Bulova）鐘錶公司和瑞士的浪琴（Longines）鐘錶公司可說是中級品市場的頂尖廠商，而較低價位的產品市場則被美國的天美時和德州儀器所佔據。

一九六九年，日本的精工社所生產出的精工錶（SEIKO），開始逐鹿高利潤的手錶市場。在日語中意即「精密」的精工社，推出一款新的石英錶之時，充滿著席捲市場的自信。

精工社看出瑞士和美國的廠商都具有一種傾向，那就是在這瞬息萬變的世界裡，他們在手錶和掛鐘的設計上，仍舊不注重整支手錶的設計。

精工社認為手錶不只是用來看時間的工具，而應該是一種展現個人獨特品位的商品，手錶的錶面就等於是「臉」，代表著整隻手錶的設計與品味。因此，應該以令人賞心悅目的設計和獨特的款式來吸引消費者。

精工社從飛機和跑車的儀表板形象中得到啟發，採用了「儀表板型」計畫。其基本觀念是，不論製成數位型、新的類比型及電子機型的手錶，凡是能使注意力集中於錶面的「特殊功能」，都值得開發與採用。

以無限而多樣化的設計，精工社展開包圍美國和瑞士手錶的市場，他那獨特的設計款式果然大受消費者的歡迎，因此順利打進市場。

精工社對價位從六十五美元到三百五十美元不等的中級價位產品，投入多種不同的款式設計，開始進攻消費市場。精工社甚至為偏愛機械式手錶的人士，特別設計了數位顯示錶、計時器（Chronograph）及超小型計算機等各種款式，甚至以遙控操作的電子手錶也有，滿足了消費者多變的實用需求。

當然，最重要的焦點還是放在新穎的設計之上，當新款具設計性的手錶一上市，立刻就以較低廉的價格、新穎獨特的設計、多種實用功能吸引了大批的消費者，在手錶市場上佔下一席之地，並轉而開始進入高價品市場。

精工社由於具備敏銳而獨到的眼光觀察市場，藉由精美設計、降低成本以及普及的銷售網，迅速地反映了流行和市場需求，攻佔了手錶中各個價位的產品市場，讓競爭對手感受到不小的競爭壓力。

Chapter 6

名人魅力加持，廣告效果加乘

以顧客為中心進行生產活動和行銷活動，是企業經營理念成熟的重要表現。一個有遠見的企業要具備對市場反應敏銳的特質，確立企業的自我定位與經營策略，了解市場的需求，才能把企業帶向獲得最大利潤的成功之道。

以公益之名，刺激銷量

一九八三年，美國運通公司曾發起一次為「修復自由女神像」籌資的活動，這是一場在美國全國境內進行帶有慈善性質的公關銷售活動。

當時美國運通公司大肆宣揚，告訴消費者，凡持有該公司信用卡者每購買一次物品，它便捐助一美元給「自由女神像」修復工程；另外，每多一位申請該公司信用卡的新客戶，它便再捐助一美元。

最後，該公司為「自由女神像」修復工程籌措了一百七十萬美元的費用。同時，使用和申請美國運通信用卡的人數也隨之激增。

後來，該公司對運通信用卡的使用者進行電話調查，得到的結果是受調查者全部了解這一項廣為宣傳的行銷活動。甚至不少人表明，之所以接受運通公司的推銷辦卡，是為了替修復女神像盡一份心力，以及幫助美國運通公司成就這一樁「公益事業」。

美國運通公司這招以「自由女神」為名的行銷方式，果然使得原本停滯的信用卡銷量激增。

國際影星讓商品看來更可口

一九九四年，曾主演過電影《蘇洛》，風靡世界的法國電影明星亞蘭德倫首次到日本訪問，這件事引起了日本樂天口香糖公司經理辛格浩的密切重視。

剛巧，此時「樂天口香糖」正值銷售疲軟、資金周轉不靈的時期。辛格浩決定利用此一機會大作廣告。經過一番苦思，他透過各種管道熱情邀約，終於邀請到亞蘭德倫來到廠裡參觀。

這一天，公司所有高階主管都站在廠門口列隊歡迎，熱列迎接亞蘭德倫的到來。在辛格浩的精心安排下，五、六個懷揣小型錄音機的職員充當接待人員，寸步不離亞蘭德倫左右，同時還聘請了攝影師把參觀的過程全都拍攝下來。亞蘭德倫一一參觀了配料車間、壓製車間，最後來到包裝車間。在車間裡，亞蘭德倫嚐了一塊巧克力口香糖，隨口說了一句：「我沒有想到日本也有這麼棒的巧克力……」這出於客套的一句話，卻被欣喜萬分的陪同職員給錄了下來。

從當天晚上開始，電視上天天出現一則十分引人注目的廣告：亞蘭德倫笑瞇瞇地嚐了一塊巧克力口香糖，嚼著說道：「我沒想到日本也有這麼棒的巧克力……」這則廣告立即像磁鐵一樣吸引了日本成千上萬的亞蘭德倫影迷，大家紛紛爭先恐後地購買這種巧克力口香糖。很快的，所有商店的樂天口香糖都大賣到缺貨，連庫存也都一掃而光。

這就是借國際知名影星之勢，利用某種氛圍、某種趨勢或某種外力，順風揚帆，順路搭車，實現自己的計劃，以致美名遠揚。

善於形象包裝，創造媒體效應

少年時代的大衛·葛芬是個窮光蛋，靠母親經營小店為生。因為從小家中環境的緣故，葛芬對如何做生意可以說是相當了解，他也立下志向，一定要靠自己的智慧與努力，赤手空拳闖出一番事業來。

輾轉奔波幾年，葛芬積累了豐富的經驗和商場技巧。他發現在唱片業發展有利可圖，但苦於囊中羞澀，該如何是好呢？於是他便終日混跡於娛樂圈中，尋找機會。在一次偶然的機會，他認識了民歌手羅拉尼洛。

在此之前，羅拉尼洛的歌喉已頗受歡迎，但她台風極差，上不了台面；因此，她的歌唱事業並不如意。格芬看準了這一弱點，決定加以利用。於是，格芬便主動邀請羅拉尼洛合作，共創金槍魚音樂公司。條件是這樣的：羅拉尼洛的歌曲版權歸公司所有，公司則負責為羅拉尼洛包裝和推銷。

簽好合作協議之後，他將羅拉尼洛的歌曲夾在諸如芭芭拉·史翠珊等當代大紅大紫的歌星唱片中，製作完成後四處推銷，就這樣，大大提高了羅拉尼洛的身價。光這一個方式，就讓葛芬賺到了大錢。一九六九年，葛芬決定將金槍魚音樂公司賣掉，獲利現金四百五十萬美元，他與羅拉尼洛各分得二百二十五萬美元。

有了錢之後，手頭寬裕的葛芬再接再厲，以求更上一層樓。他成立了唱片公司，包裝了一批歌手，利用媒體所帶來的效應捧紅了大批的歌手，讓她們迅速的大紅大紫。捧紅了幾批歌星之後，在一九七二年葛芬決定將公司賣給華納公司，要價七百萬美元。之後，他離開了唱片界一段時間。

一九八〇年，葛芬捲土重來，創辦了葛芬唱片公司。剛開始時，唱片公司屢遭挫折。直到一九〇〇年，終於時來運轉，他手下的「槍與玫瑰」樂隊走紅，葛芬唱片公司頓時身價百倍，成為一家獨立的大唱片公司。

「三分靠相貌，七分靠打扮」，倘若恰如其分的包裝，醜小鴨也能變成天鵝。葛芬正是借包裝歌手突出重圍，闖出一片天地。

葛芬從事歌星包裝業之所以能夠成功，原因是多方面的，在操作策略上，他主要著重幾個方面：其一、葛芬對消費者的需求十分熟稔，他能根據消費者的動向作出判斷，做出極富創意的決策。

其二，葛芬訓練歌手的方式—分符合現代管理學，他知道如何鼓勵他們為公司一同打拚。

其三，葛芬能充分利用所在的環境，他適應好萊塢的生活，摸透了好萊塢的節奏，並充分發揮它的價值。

以上三個策略都是葛芬的獨到之處，值得那些沒本錢，卻想發大財的人好好學習、揣摩。

連第一夫人也喝的飲料

中國健力寶飲料集團也曾利用美國總統夫人讓自己的產品大出風頭。當時《紐約時報》刊登了新任總統柯林頓的夫人希拉蕊舉起該飲料飲時的彩色照片，站在希拉蕊身旁的是美國第二夫人高爾夫人——而與照片同時刊登的則正是介紹該飲料的一篇文章。對於任何一項商品來說，這都是行銷上莫大的成功。

某天晚上，柯林頓的助選大會在紐約港灣的一條豪華遊艇上舉行。在大會開始前兩個小時，該飲料集團美國有限公司總經理就和公司工作人員一起到達了碼頭，他們帶去的不僅是對競選的熱情支持，還帶了飲料和照相機，以及對「外交」事務所需要的耐心與細心。

健力寶飲料集團總經理一行人通過了嚴密的檢查，然後在遊艇上詳細勘察將要與會的希拉蕊夫人所將經過的路線，確定了希拉蕊夫人可能會停留的位置後，再選定最佳的拍攝角度。

晚上六點三十分，希拉蕊夫人和高爾夫人在大批保安人員的簇擁下登上了遊艇，按照慣例，他們首先來到遊艇大廳會見當地名流和相關的重要客人，當她們與站在紐約市政府代表旁邊的飲料集團公司高層人員握手時，紐約市政府的美國朋友同時也向兩位夫人介紹這是著名的健康飲料，而總經理則及時向兩位夫人敬上一杯。

就在兩位夫人笑盈盈的舉杯飲用該飲料時，早已等候多時的攝影師急忙頻頻按下快門——於是，該牌健康飲料與希拉蕊夫人就一起被拍攝了下來。

這個冒險卻又抓準時機的舉動，最後果然替該飲料集團大打了知名度，也廣開了財源。

提供明星服裝，增加曝光率

巴黎各大高級時裝公司每天都在電視上做「活廣告」，卻不需花費大筆的廣告費用，為什麼呢？原因是這「廣告」就穿在每一位節目主持人與來賓的身上。

活躍在法國電視台上的明星們身上穿的時尚華服，幾乎全部被巴黎的時裝公司承包下來：有「歌壇夜鶯」之稱的女高音米海依・瑪提厄出現在電視晚會上，必定身著皮爾・卡登（Pierre Cardin）的最新款式；名聲遠播的女明星莎扎爾喜歡穿聖羅蘭（YSL）的套裝來主持電視新聞節目；知名女記者安娜・辛格萊爾則由巴黎最負盛名的克莉斯汀・迪奧（Dior）公司為其提供出場的禮服。男明星們也不例外，最受歡迎的電視新聞節目主持人巴提克・晉瓦納在主持大型談話性節目時所穿著的，正是Lanvin公司推出的瀟灑新款套……。

幾乎法國所有高知名度的電視明星都有固定的時裝公司為其設計和製作服裝，而巴黎多家著名的時裝公司也都提撥出一筆預算，專門為活躍在螢光幕上的明星們製作服裝。甚至還有些公司派出公關人員四處打探、尋找剛開始走紅的新秀，想為之提供服務。

時裝公司對電視明星們如此慷慨，當然不是沒有目的的。對服裝公司來說，只要主持人與明星在節目中向觀眾提及一句自己的服裝是由誰提供的，或是將衣服的美麗展示到極致，這就已經十分足夠了。

例如二〇〇九年時，美國總統歐巴馬的夫人蜜雪兒，在總統就職典禮上以一席端裝高雅的禮服豔驚四座，也因此捧紅了吳季剛的品牌服飾。

另外，很多電視節目也會在結束時，會特別註明某公司提供了本節目服裝贊助等感謝字樣，這也等於是替服飾公司做了最棒的形象廣告。

總統金口帶來廣告形象效益

某出版商有一批印量過多的新書，久久不能脫手。

有一天，他忽然想出了一個絕妙主意：「不如送一本書給總統吧！」之後並三番五次去尋求意見。忙於政務的總統不願意與他糾纏，便回了一句：「這本書不錯。」

終於得到總統金言玉語的出版商，便以此大做廣告：「總統推薦書，不可不看！」於是這些書的詢問量大增，立刻被搶購一空。

不久，這個出版商又印了一批新書，並再度送了一本給總統。

總統上回上過一次當，本想奚落書商一頓，於是就說：「這本書實在糟透了！」出版商聽後腦筋一轉，又以此大做廣告：「這是一本總統討厭的書。」這下，又有不少人出於好奇爭相搶購，書又售盡。

第三次，出版商將書送給總統，總統受到前兩次的教訓，便不作任何答覆。

想不到出版商卻仍然做廣告：「這是一本連總統都難以下結論的書，欲購從速。」於是書居然又被搶購一空，令總統哭笑不得。

出版商想出來的這個方法，雖然不夠踏實，但卻是個善用名人做推薦的成功行銷術。

小商品靠媒體創造大利潤

日本東海精品公司的新田富夫總裁，是經營打火機業務的，打火機是個簡單的小產品，售價就像商品本身一樣不起眼，利潤也不高，所以他的產品銷路與業績一直都不好。

在七〇年代的一個晚上，他在看電視節目時看到一個消息，說當時世界拳王阿里將要進行一場世界最頂級挑戰賽，屆時全球一百多個國家將會現場直播。當下他靈光一閃，驚覺到自己的打火機之所以打不開銷路，主要是因為牌子不出名，廣大消費者不認識自己的打火機品牌所致。

他反覆思考後，決定不惜一切代價，要在拳王阿里比賽時播出自己的電視廣告。透過聯繫，他得知要在這場比賽中播出兩次廣告，要耗費五千萬日圓，這是多麼大的一筆開支啊！幾乎等於當年該產品的全部營業額。

但新田富夫毫不猶豫的砸下鉅資，做了這次廣告。

結果，效果非常明顯，因為當時全球有千千萬萬的觀眾在收看這場世界頂級拳擊比賽，在比賽中間插入廣告，而且是出現兩次，使得人們對他的打火機品牌有了一定的認知，特別是日本的觀眾，意識到這個牌子能與世界級的比賽相提並論，因此，大家開始願意購買這種拋棄式的打火機，也因此，一下使東海精品公司的打火機由銷售平平變成十分暢銷，直至要不斷擴大生產才能滿足需求。

新田富夫嘗到了廣告的甜頭，之後便經常在各種世界高知名度的重大比賽期間做廣告，使其銷售額繼續往上攀升。據統計，他每年花的廣告費高達八億日圓，平均佔其營業額的百分之八左右。後來，這個打火機果然成為一個知名品牌，佔了絕大部分的日本打火機市場，並遠銷世界一百多個國家和地區。

拋棄式打火機的價錢只有一、兩盒火柴那麼多，對於這麼小的商品與微型利潤，原本是沒有多少人注重的；但是，日本的東海精品公司卻把這小小的商品做成大生意，引起世界矚目。該公司從製造這種打火機到大量生產銷售，僅僅用了十五年時間並獲得了十分豐厚的進帳。

白蘭地進入白宮，打開美國市場

法國的白蘭地酒在法國國內和歐洲地區暢銷不衰，但總是難以在美國市場大量銷售。為了要佔領巨大的美國市場，白蘭地公司耗資數萬去調查美國人的飲酒習慣，制定出各種推銷策略。但因促銷手段單調，結果總是收效甚微。

這時有一位叫柯林斯的行銷專家，向白蘭地公司總經理提出一個推銷妙法——在美國總統艾森豪．威爾六十七歲誕辰之際，向總統贈送白蘭地酒，藉機擴大白蘭地在美國的影響，進而打開美國市場。

白蘭地公司總經理採納了這個建議。公司首先向美國國務卿呈上一份禮柬，上面寫道：「尊敬的國務卿閣下，法國人民為了表示對美國總統的敬意，將在艾森豪．威爾總統六十七歲誕辰那天，贈送兩桶窖藏六十七年的法國白蘭地酒，請總統閣下接受我們的心意。」然後，他們把這一消息在法美兩國的報紙上連續登載數天。這下子，白蘭地公司將向美國總統贈酒的新聞成為美國千百萬人街談巷議的熱門話題。

贈酒那天，白宮前的草坪上熱鬧非凡。四名英俊的法國青年身著法國宮廷侍衛服裝，抬著禮品緩緩步入，人群中頓時歡聲雷動，總統的生日慶典似乎變成了法國白蘭地的歡迎儀式。

從此以後，爭購白蘭地的熱潮在美國各地掀起，一時間，國家宴會、家庭餐桌上都少不了白蘭地。白蘭地挾勝利之姿進軍美國市場後，白蘭地公司的收益果然也大幅增加了。

名人光環，打開知名度

巴黎城郊有一家餐廳，雖有上等美味佳餚，但前來用餐者卻寥寥無幾，老闆為此傷透了腦筋。

某一天，著名的音樂指揮家斯托科夫斯基偶然來到這家餐廳吃晚餐，老闆大喜，於是用最好的服務和最低的收費款待他。指揮家用完餐後問：「你為什麼這樣熱情款待我，我又不是付不起錢？」

「我非常熱愛音樂，」老闆大聲說，「為了音樂，我可以犧牲一切。歡迎您一日三次前來用餐。」

斯托科夫斯基受寵若驚，非常感動地走出餐廳。這時，他突然發現老闆已迫不及待地在櫥窗裡豎起一塊牌子，上面寫著：「請每天來本餐廳與偉大的音樂家斯托科夫斯基共進美好的早餐、午餐與晚餐。」

只要有名氣，沒有人不願意來一窺究竟，也自然不愁沒有顧客上門了。

連環累積印象，廣告效果加乘

蘭麗化妝品公司在剛開始推銷蘭麗系列化妝品時，利用合乎心理規律的累進廣告印象，針對一個個主要的客群與目標市場，逐漸打開了自己的銷路。

他們第一次為蘭麗綿羊霜作廣告，廣告標題中有七個字：「只要青春不要痘。」

這句話一下子抓住了少女們的心理。畫面上的女子以扇遮面，只露出兩個眼睛，狀似羞俏，但消費者其實深知，廣告中的女孩是因為有「遮不住的煩惱」。這個廣告深深抓住了年輕客層想要對抗惱人面皰的迫切需求。

不久，他們又策劃了新的蘭麗綿羊油廣告，他們告訴孕婦：「從懷孕的第三個月開始，早晚使用綿羊油，按摩腹部及乳房，能預防妊娠皺紋的產生及乳房下垂。」人們又一次瞭解了蘭麗系列化妝品所帶給她們的神奇效果。

一個月之後，第三則廣告誕生了，畫面上的家庭主婦忙碌的送丈夫上班、孩子上學，廣告告訴所有的主婦：「冬天風寒，防止肌膚粗糙乾裂，外出及睡眠前使用綿羊油按摩，尤其擦在嘴臉、手腳、足踝等特別容易乾裂的部位，可以讓肌膚免受寒風的傷害。」蘭麗化妝品又再一次成功傳達給消費者有效的訊息——使用了蘭麗產品，能時時刻刻享受到母親與妻子般的關愛。

又過了一陣子，第四則廣告再度出現了。一位如祖母般的人在廣告中訴說：「我現在惟一的遺憾，是臉上的皺紋多了些。假如能回到二十五歲前，我一定會更注意護理皮膚，更常用綿羊油。」這個廣告提醒消費者，女性從二十五歲開始，皮膚逐漸走下坡路，如果這時注意滋潤營養肌膚，就能防止肌膚衰老，保持肌膚光澤與彈性。蘭麗警告人們，這是前車之鑒。這則廣告在母親節時強力播放，勸告消費者不要遲疑，快快買蘭麗產品送給母親，作為關懷母親的孝心。

不論是誰，在這一波波廣告的強力攻勢下，都不可能置若罔聞的。只打一、兩次廣告，效果可能不會太好，但經過一番宣傳，人們無疑會牢牢記住「蘭麗」這個品牌，這也就是廣告中常使用的「連環推銷法」。

贈品行銷法，讓電影紅遍海外

電影《紅高粱》造就了一代影星鞏俐，也使張藝謀的名字家喻戶曉。除了影片本身拍得有內涵之外，用對方式把好片子行銷到各地，介紹給不同文化的觀眾欣賞，也是很重要的一環。

西方電影界十分重視對電影的「包裝」，特別是一部鉅片的首映會，往往是不惜工本地投入大量人力、物力、財力，只求獲得一場令人印象深刻的盛宴。

而這部張藝謀所導演的《紅高粱》在德國舉行首映會時，中國代表團為了讓他國友人更瞭解中華文化，並增添話題性，因此別出心裁地免費贈送每位觀眾一件紅色粗布肚兜——假如讀者對《紅高粱》不陌生的話，您一定能想像出那種可愛的紅色粗布肚兜的樣子，肚兜的背後還繡有三個中文字：紅高粱。

令中國代表團又驚又喜的是：紅色小褂備受其他國家觀眾的歡迎，電影散場後，他們紛紛把肚兜穿在身上，一時之間，電影院、街頭，到處可見「紅高粱」三字映入眼簾。沒有看過《紅高粱》的德國人也爭先湧入電影院，期望一睹鞏利主演《紅高粱》的風采，並期望也能獲贈一件珍貴的中國藝術品——紅色粗布對襟肚兜。

也因此這部電影在德國放映期間，《紅高粱》的賣座一直是呈直線上升。

最後，還要告訴各位讀者：對襟肚兜的成本只要一・五元人民幣！

逆向宣傳，抬高身價

眾所周知，吸菸有害健康。世界上許多國家，都禁止在公眾場所吸菸，並且規定不得做香菸的宣傳廣告。

然而，英國有家菸草公司卻在「禁止吸菸」的宣傳中大動腦筋，採取欲擒故縱的策略，結果大獲全勝，使自己的產品迅速占領了香菸市場。

英國某菸草公司專門生產一種名為「阿巴杜拉」的烈性土耳其式捲菸。為了擴大這個產品的影響力並打開銷路，該公司跟地鐵公司商定，在地鐵列車窗上「禁止吸菸」的字樣下面，用括弧括寫一行小字：「連阿巴杜拉也不行。」

這招似乎也是在警告人們「吸菸有害」，吸「阿巴杜拉」香菸也同樣有害，但它卻反而引起眾多「癮君子」對這個牌子捲菸的青睞。因為這「弦外之音」反而為其抬高身價，讓它更為消費者所看見，贏得更大的市場。

市場詭譎千變萬化，商品競爭異常激烈。如今，不少商品已從賣方市場轉變為買方市場，如果仍然沿用「坐等」的傳統方式銷售，其結果必然是「束手待斃」。

「名人效應」讓滯銷商品暢銷

隨著市場消費的變化，商品由滯銷轉暢銷，或由暢銷轉滯銷，都是十分正常的銷售周期。然而有些商人絞盡腦汁，注意著那些滯銷商品，以低價買進，透過精心策劃之後，再以高價售出。

某天，開布料行的薩耶下班回家後，看見桌上放著一塊布料，他知道這是妻子新買的，頓時覺得既詫異又生氣。因為這種布料放在自己的店裡都賣不出去，妻子幹嘛還去買別人的呢？

妻子任性的說：「我喜歡嘛！這種衣料不算太貴，而且花色款式都是目前最流行的呀！」

薩耶叫起來了：「我的天！這種衣料從去年上市以來，一直都賣不出去，怎麼會是最流行的花色呢？」

妻子坦白說：「但這的確是今年遊園會上，最流行的花式款式呀！」

妻子還告訴薩耶，在遊園會上，當地社交界最有名的貴婦瑞爾夫人和泰姬夫人都穿著這種花色的衣服。

原來，另一家布料行的老闆送了兩塊布料給瑞爾和泰姬夫人，不但在她們面前拚命讚美這些布料做工精美，穿在她們身上有多麼的好看、多麼的雍容華貴，還鼓吹她們應該引領最新的服裝潮流，盡量穿到公眾場合讓眾人欣羨。最後，還請了當地最有名氣的時裝設計師來為她們量身裁製新衣。

於是到了遊園那天，這兩名貴婦果然穿著以那款布料裁製而成的新衣服出席，並且出盡了風頭。遊園會結束後，許多婦女都收到一張宣傳單，上面寫著：「瑞爾夫人和泰姬夫人所穿的新衣料，本店有售。」

薩耶聽完後驚訝不已，不得不佩服另一家布料行老闆的銷售手腕。

第二天，薩耶找到那家店鋪，只見人群擁擠，每個人都爭先恐後的搶購布料。等他走近一看，才知道這家店鋪比他想像的更絕，店門前貼著一行大字：「今日衣料已售完，明日新貨到。」那些向隅的消費者惟恐明天買不到，都紛紛在預付訂金。店員們還不斷的說，這種法國衣料因原料有限，很難充分供應。

薩耶知道，這種布料雖然確實進貨不多，但並非是因為缺少原料，而是因為銷路不好，沒有再繼續進口。看到這個商人如此巧妙的利用缺貨來吊顧客的胃口，薩耶打從心裡佩服。

布料行的高明之處就在於他善用名人效應，並在事後故意製造緊張氣氛，於是終能化滯銷為暢銷，手法十分的高明。

Chapter 7

抓準消費心理，激起購買慾

懂得行銷的高手，一定要深諳消費者心理學。精明的商人必須能抓準顧客追求新奇、追求實用、簡便求快、追求名牌價值、擔心匱乏……等種種心理。每一種心理狀態都有可能導致其購買行為的不同。

商家若能及時掌握消費者的各種心理狀態，就能祭出最巧妙的行銷策略，讓消費者心甘情願的掏出錢包，從而獲取更大的利潤。

塑造搶手形象，創造渴求心理

人們都有一種心理：商品供貨越吃緊，購買者就越多；商品越充足，便越乏人問津。有些商人正是看準了這一現象，開始人為地製造供貨不足的緊張現象，以達到促銷效果。

經營名牌皮箱的法國路易·威登公司早期僅在巴黎和威尼斯各設一家專賣店，在國外的分店家數也不多。這並不代表其業績不好，反而是嚴格控制銷售量之故，他們人為地製造供不應求的緊張氣氛，即使客戶要貨量再大，也不予理會。曾有一名日本顧客八天內上門十次，每次都提出要買五十個手提箱的要求，但售貨員都聲稱庫存已告罄，每次只賣他兩個皮箱，於是這反而讓客人天天上門詢問新貨到了沒，贏得了銷售上的巨大成功。

相反的例子，是有家經銷商起初把購入的二十台洗衣機全部放在門市上陳列，幾天之內詢問者不少，但卻僅售出一台。後來，他們參照這種「匱乏戰術」，把大部分洗衣機都先搬到倉庫，門市上僅擺出兩台，其中一台掛上「樣品」的牌子，另外一台則掛上「已售出」的紅紙條，很快就製造了一種熱銷的心理給消費者。一些原本猶豫不決的顧客，此時反倒購買欲望激增，結果二十台洗衣機不到一週就賣完了。

為什麼製造緊張的銷售法會如此成功呢？那是因為人們有一種預期心理，當貨源充足、商店裡隨時都可以買得到時，那麼即使是很需要的商品他們也不願意立即買回家。這是由於等待、觀望、懶散的個性作怪，總覺得反正店裡還有很多，今天沒買、明天再買也來得及，並不需要積極行動。

另一種就是與之相反的念頭了。當某商品出現貨源不足的緊張氣氛時，或是聽說今後可能不會再有了，或是今後廠商要計劃限量供應了，一旦這樣的消息傳播開來，不管是否急需要這種商品，消費者都會湧進店裡，將商品搶購一空。

撿便宜心理，折扣商品狂銷

在這個用數字組合的消費世界裡，常會有不少讓人拍案叫絕的銷售策略藏在其中。打折，正是一種大玩消費心理戰的銷售策略。

消費者常會發現在一些商店門口掛了這樣的牌子：「店內商品一律九折。」有些店家甚至會將折扣下殺到八折、七折。到底店家有沒有先把價格提高，再用打折的方式來吸引消費者這另當別論，但只要人們一看到打折的牌子，總免不了想進去瞧瞧熱鬧。打折這種促銷活動可以刺激消費，因為人們總是有一些撿便宜的心理，這絕對是無庸置疑的。

一九七三年七月，東京銀座的紳士西服店開始進行一折的促銷折扣活動，此舉讓東京的消費者大為吃驚；緊接著，隔年東京的皮鞋店有六家商店也加入下殺到一折的銷售行列。原本打七折、六折的拍賣活動是常有的事，不會有人大驚小怪，然而打一折在當時卻是前所未聞的。這種銷售法似乎確實不能賺到錢，但它的意圖是潛在的更大利潤。

這種銷售策略是先定出打折銷售的期限：第一天打九折、第二天打八折、第三天和第四天打七折、第五天和第六天打六折、第七天和第八天打對折，第九天和第十天打四折，第十一天和第十二天打三折，第十三天和第十四天打兩折，最後兩天打一折。

這樣顧客只要在這打折銷售期間選定自己預計的時間去買就行；若想要以最便宜的價格購買，那麼只要選在最後幾天去買就行了。但是，你想要買的商品可能不一定會被保留到最後的那天。

根據某西服店的經驗，頭一天和第二天前來的客人並不多，通常到店裡也只是看看就空手回去；第三天就開始有一群群的客人光臨；到了打六折的第五天，客人就像洪水般湧來開始搶購；到了折扣的最後幾天，更是人潮連日爆滿，不用說，商品當然是被搶購一空。

這種方法的妙處是能有效地抓住顧客的購買心理，任何人都希望在打兩折、一折的時候買到他們所想要的商品，但是顧客所要的商品並不能保證都會留到最後一天。因此，一般人並不會匆匆忙忙的急著買下來，然而，等到打七折的時候，就會開始焦躁起來，深怕自己看中的商品被別人搶先一步買走，錯失了大好機會。

正因如此，一般顧客通常會在打七折時就把看中的商品買下來；頂多撐到打六折時，就會產生不能再等下去的預期心理。根據一些日本商店的銷售經驗顯示，到了打六折時，顧客就會大量湧入，並開始搶購，反映了顧客的這種心理。而實際上，確實等到打兩至三折的時候，剩下來的東西都是有瑕疵或是尺碼有些不足的。

再來看看賣方這一邊，把折扣銷售的商品平均起來，實際上是以商品原來售價五折的價錢售出的。說起來，雖然這種買賣方式沒有利潤而有些許虧損，但是從存貨出清和宣傳角度看起來，還是不失為一種成功的促銷活動。這種方法比「清理存貨大拍賣」的做法漂亮而有效。

該西服店打一折銷售的巧妙之處，就在於利用了群體的心理效應。人人都希望能買最便宜的商品，但又都不能肯定自己有機會能買在最便宜的時機；與其讓別人買到最便宜的商品，不如自己在貨物尚不是在最便宜的、但也有利可圖的價位時買下，所以一般商品在六、七折時就會賣出去。這種做法與一般的打折出售並無區別，但卻收到了更好的宣傳效果。這種巧妙利用顧客心理進行促銷略的規劃，真是令人拍案叫絕。

打折銷售的商品，通常不會是當紅的搶手貨；但有些商店卻反其道而行，不論商品新舊都會舉辦這項活動來刺激買氣。基於薄利多銷的想法，其實利潤從總體上說並不低，並且透過這種促銷活動會使商店名聲大噪，為商店經營奠定更穩固的基礎。

預期漲價心理，囤貨銷售一空

美國亞利桑那州的一家珠寶店採購到一批漂亮的綠寶石，覺得一定會大發利市。但事與願違，原以為會一搶而光的商品，好幾天過去，購買者卻寥寥無幾。由於此次採購數量很大，老闆很怕短期內銷不出去，影響資金周轉，便決定按之前慣用的方法降價求售，以達到薄利多銷的目的。

老闆不斷思索，是不是價格定得過高，應該再降低一些？究竟要降多少比較好呢？就在此時，外地有一筆生意急需老闆前去洽談，來不及仔細研究那批貨該降價多少，老闆臨行前只好匆匆寫了一張紙條留給店員：「我走後綠寶石如仍銷售不佳，可按1/2的價格賣掉。」

由於時間匆促，關鍵的字體1/2沒有寫清楚，店員將其讀成「1-2倍的價格」。於是，店員們按照老闆的指示貼出了公告：「近期寶石價格將上漲，下週開始將上漲1-2倍的價格，請消費者欲購從速。」並將綠寶石的價格先提高一倍，沒想到購買者越來越多；於是店員又將價格提高一倍，結果大出所料，寶石在幾天之內便被一搶而空。老闆從外地回來，見到寶石銷售一空，一問所發生的經過，不由得大吃一驚，當知道事實原委之後，店員、老闆開懷大笑，這可真是歪打正著了。

在這則事例裡告訴我們：在定價策略中，低定價、薄利多銷是一種策略；但高價有時也是一種制勝策略，這要準確瞭解、掌握消費者的心理才可一舉成功。如男仕西服，若定位在中等以上收入的消費者，除了西服質地、做工考究之外，定價適當訂高一點，會讓消費者認為產品是高檔貨，反而能刺激他們的購買慾。

物美價廉、薄利多銷，是一種有效的競爭手段，也符合一般消費者的普遍心理特點。但是高定價策略或讓消費者預期商品將漲價的心理，也同樣地會收到意想不到的效果。

一舉多得的頂級定價策略

東京濱松町一家咖啡館的老闆森元二郎，他是一位善於出奇制勝的人。森元二郎總是不介意用盡各種方式來譁眾取寵，以達到招攬顧客、揚名天下的目的，可說是一位「銷售鬼才」。

這次，森元二郎推出了五千日圓一杯的特高價咖啡。消息一出，果然舉國譁然，聞者無不為之大吃一驚，甚至日本揮金如土的富豪們也紛紛討論森元二郎的價格：「太離譜了！簡直是公開搶劫！」

然而，即便是再荒唐無稽的生意，只要有人做，便會有人如飛蛾撲火一樣自投羅網。為什麼？其實不過就是好奇心與虛榮心的驅使。因此，東京消費者一邊「大罵」森元二郎「這個人一定是個瘋子！」一邊又情不自禁的蜂擁而來，要品嘗一下五千日圓一杯的咖啡到底是什麼味道。因此，反倒讓森元二郎的咖啡館一時生意興隆得讓服務生應接不暇。

森元二郎的鬼點子果然很多，雖然他的想法「譁眾」，但並非真的佔了顧客的便宜。這五千日圓一杯咖啡，實際上一點都不貴。因為他的咖啡杯絕頂豪華又名貴，是進口世界一流的正宗法國骨瓷杯，每隻杯子市售價格就要四千日圓。每位顧客享用完咖啡之後，服務生會主動將杯子洗乾淨，再精心的包裝好贈送給顧客；而他的咖啡也是由著名技師現場磨煮，風味香醇獨特；加上廳堂裝潢得豪華氣派，勝似皇宮，還有打扮成如皇宮侍女的美麗服務生，把顧客當作帝王一樣細心侍候。如此這般的頂級服務，每位抱定豁出去、吃虧心理而來嘗鮮的顧客，都會發現自己不僅沒有吃虧，而且享受了最頂級、最具身分的豪華優質服務，因而來店消費的顧客很快便喜歡上這裡了，之後多半還會要呼朋引伴再來光顧體驗。

森元二郎的招數看似簡單，實際上是收一舉三得之妙：一則多賣了咖啡。二則做了兩層生意兼賣了法國骨瓷咖啡杯，同時使得店裡的杯盤常保嶄新，每次都是用最光潔、最新、最衛生的咖啡杯來招待顧客，給人以格外禮遇的絕對新鮮感。三則是這些咖啡杯送給客人後，客人都會放在家中當作擺飾，彷彿是為森元二郎的咖啡廳提供了實物廣告，每位顧客都不自覺地成了為他招徠下一為顧客的最佳活廣告。

逆向操作，醜陋玩具變黃金

美國艾士隆公司董事長布希耐頓某次在郊外散步，偶然看到幾個小孩在玩一隻骯髒且異常醜陋的昆蟲，並爭相想要擁有，對之愛不釋手。

布希耐頓此時聯想到：市面上銷售的玩具一般都是形象優美、可愛的，假若生產一些醜陋玩具，是不是會滿足其他的消費者呢？於是，他著手讓自己的公司研發出一套「醜陋玩具」，並迅速向市場推出。

結果果然一炮而紅，「醜陋玩具」給艾士隆公司帶來了豐厚的收益，讓同行羨慕不已。於是「醜陋玩具」的生產一波波接踵而來，如「瘋球」就是在一串小球上面，印上許多醜陋不堪的面孔；橡皮做的「粗魯陋夫」，長著枯黃的頭髮、綠色的皮膚和一雙鼓脹而帶血絲的眼睛，眨眼時又會發出非常難聽的聲音。

這些醜陋玩具的售價超過正常玩具的售價，但一直暢銷不衰，而且在美國還掀起一股行銷「醜陋玩具」的熱潮。

這「醜陋」的靈感之所以獲得這麼大的商業成功，為艾士隆公司廣開財源，其根本原因就是抓住了兩種消費心理：追求新鮮和滿足逆反的心理。

瞄準年輕族群，新款商品暢銷

消費者都有一種求異的心理，就是不想要自己和別人相同。特別是年輕人和女性，他們總想著標新立異引人注目，以此炫耀自己的獨特或吸引其他路人的目光。

美國福特汽車公司在一九六四年生產了一種名為「野馬」的汽車，由於這種汽車車前罩長、後面短，像運動型的車，迎合年輕人愛好運動、追求刺激的心理，第一年銷售量就達到四十二萬輛，讓福特汽車公司賺足了荷包。這正是抓準了年輕族群想要展現自我風格的心理。

迎合消費者的心態是商人們一貫的經商方針，而常見的消費品多以服裝、用品為主。當代年輕人喜歡什麼，往往就反映在服裝上。譬如一件好端端的衣服，在肩上或胸前設計上幾個洞洞，刻意展現頹廢風格，購買的人便多起來；有些在牛仔褲的設計上大做文章，在膝蓋或大腿處剪一刀，彷彿宣示自己桀驁不馴的獨特個性，同樣上市沒幾天立刻就風行全球。

少男少女的消費心理是不固定的，什麼東西時髦，就追求什麼；什麼東西新奇獨特，就一哄而上、爭相購買，精明的商人總是會抓住風潮迎合消費者，只要抓準了顧客追求奇異的消費心理，就能讓消費者心甘情願的掏出錢包。

抓住頂級客層，大賣高檔貨

曾有家鐘錶店進了一批售價高昂的「勞力士」瑞士名錶，每支售價近百萬元。店方考慮到價格太昂貴，怕賣不出去，所以不敢大量進貨，只訂購一小批。誰知道，就在手錶擺上櫃檯的當天，就被顧客搶購一空。

鐘錶店分析了顧客的購買心理，於是得知高檔商品暢銷的祕密。在購買過程中，顧客有年齡、性別、收入、所處環境和社會地位等各方面的差異性，因而呈現出來的購買心理與消費模式也各不相同。

有追求商品實用價值和使用效益的求實心理；有追求商品的時髦、新穎、奇特的求新心理；有追求商品價格便宜的求廉心理；有追求名牌商品的求名心理；有注意商品的欣賞價值和藝術價值的求美心理；有希望購買過程簡便、迅速的求快心理等等，而每一種心理狀態都有可能導致其購買行為的不同。

昂貴的勞力士錶被搶購一空這個案例，在某種程度上就是顧客的求名心理和自我顯示心理發揮了作用。商家應該及時抓住消費者的各種心理狀態，從而獲取更大的利潤。

物以稀為貴，創造市場價格

每一位頂級時裝設計師都明白這樣一個道理，就是自己設計的頂級服飾，一般來說在一個國家或是一個城市不會超過十件，而且不能在同一個城市的商店裡重複出售。

這究竟是什麼原因呢？答案其實很簡單，那就是物以稀為貴，並且滿足消費者不會撞衫，不與一般人相同，所以身上所穿服裝是要獨一無二的消費心理。每件服飾若只有十件，最多二十件，量少自然價高。另外，每件時裝的價值也反映出設計師的精心設計，其智慧結晶所需付出的高昂代價。因此，這樣的頂級服飾價格絕對居高不下，這樣昂貴的衣服，穿在身上也才更顯得身份尊貴與地位的彰顯。要是滿街人都穿上相同式樣的衣服，那麼就會覺得這種服裝太普通、毫不起眼，其價值就會大跌。商人們深諳此道，對高檔時裝自不會成批大量生產，目的就是突出一個「稀」字。

文物和古玩的價格同樣也是如此。它的價格高昂，消費對象不是一般人，而是些富豪或達官貴人。越少的東西就越貴，擁有它，就得到一種心理上的滿足。某次，一位美國畫商看中了印度人帶來的三幅畫，印度人說要賣二百五十美元，畫商嫌貴不同意，因為當時一般畫的價格都在一百美元到一百五十美元之間，畫商怎麼願意多出那麼多錢呢？印度人被惹火了，怒氣沖沖的跑出去，把其中一幅燒了。畫商見到這麼好的畫被燒了，甚感傷痛，問印度人剩下的兩幅畫要賣多少錢？印度人還是要二百五十美元，畫商又拒絕了，於是印度人又燒掉其中的一幅。畫商只好乞求道：「可千萬別燒這最後一幅！」又問印度人願意賣多少，印度人這次改品要求賣五百美元，而最後竟然成交了。

事後，有人問印度人為什麼要燒掉兩幅畫，印度人說：「物以稀為貴，再則，美國人喜歡收古董，珍藏字畫，只要他愛上這幅畫，豈肯輕意放掉，寧肯出高價也要收買珍藏，所以我要燒掉兩幅，留下一幅賣高價。」

在市場上常看到商人們利用「稀」字戰術，「某商品日後不再進貨，請抓緊購買時機，最後一次機會，失去可惜。」、「某商品售完為止，今後不再生產。」這些銷售話術一再刺激著消費者的購買慾，達到快速銷售的效果。

「專賣策略」奏奇功

人類永遠抗拒不了稀有物品的吸引力，所以，提高物品本身的稀有性，商品較易受到歡迎，相對的就可以賺更多的錢。同樣的資金用來經營稀有的商品，如果策略得宜，有時反而能使你原先投入的資金滾出更多的錢來。

在高級服飾的行業中，有一家專門製造婦女針織服飾的公司銷量最大，其營業額之高，令其他同行刮目相看。這家針織服飾的公司只負責籌劃、設計，然後把服裝樣品交給廠商製造，再訂上該公司特有的商標，然後交由一家女性用品專賣店來負責銷售。

曾有人訪問過這家公司的董事長：「為什麼您的公司生意這麼好，可以賺這麼多的錢？」董事長答道：「我們沒有工廠，只負責籌劃、設計，再委由別人製造經銷。沒想到這些產品一推出，馬上受到婦女歡迎，並且總是被搶購一空，不管生產多少，常是供不應求。不過，在時裝界出現這種現象，的確不可思議……」

這位專家研究後，認為這家公司的成功，並不在於委託產銷的方式，而關鍵在於一種「專賣策略」。

他們不把商品放到各大百貨公司裡去賣，只有到專賣店裡定點銷售，這麼一來，不到指定的銷售點，就買不到他們的商品，自然提升了產品的稀有度。

當然，設計創意的優劣也是重要因素。

將這兩者關鍵因素相加，便是他們的商品備受歡迎的原因，從而創造出商品的豐厚利潤。

免費飲酒帶來的商業效益

在商業競爭上，各行各業總是花招百出。例如在餐飲業，有的打折、有的打出不收服務費的方式，還有免費供應客人飲酒等噱頭。

過去有一家熱炒店，這家餐廳原本生意並不好，一直賺不到多少錢。老闆為這件事很苦惱，後來他想到了一個辦法，買通停泊附近船隻的船長，讓他對船員或相熟之人提起這家餐廳出售的洋酒，價格比市場上便宜一半，替餐廳廣為宣傳。一般人貪便宜，生意果然慢慢好起來，買酒的人多了，有時也就順便入內用餐。

可是這辦法畢竟不是長久之計，酒從國外運來，每當遇到缺酒時，吃飯的人潮也就變少了。於是老闆想到一個妙招，只要來店裡吃飯的旅客，每人免費供應一罐啤酒，不會喝酒的人也可以轉送給店裡其他人喝，但不准帶回去。他的這一妙招果然靈驗，許多喜愛喝酒的人都到他的店裡來用餐，生意一時之間變得大好。

其實，羊毛出在羊身上，店裡雖然提供給顧客喝免費的酒，但在飯菜上這位老闆就沒有那麼慷慨了，店裡盛的飯比別的店裡少一點，菜價也比別的店貴一點，以此把送出去的酒錢給補回來。

從另一種意義上說，這位老闆是先給予後回收，先給人嘗一些甜頭，讓顧客盡情暢飲，到酒一下肚，什麼都好說，飯菜貴一些也無所謂了。先投資、後回收，這叫做「捨不得老酒，做不成生意」，真可謂用心良苦。

看似「賠本」的賺錢買賣

「魚與熊掌不可兼得，捨魚而取熊掌乎」，這是一句大家都很熟悉的名言。就經商而言，這也是一種頗有創意的經營方法，也就是先捨棄一部分利益，然後再從中獲取更多的利益。有時候這一招，運用在做生意時是非常有效的。它使人們在得到小恩小惠的同時，已經不知不覺讓生意人賺到了更多的錢。

日本已故的松戶市市長松本清，曾經是一個頭腦靈活的生意人，擁有多家連鎖藥局。他的藥局名稱為「創意藥局」，顧名思義，他的經營手法是相當具有獨創性的。

松本先生曾將當時售價兩百元的藥膏，以八十元賣出。由於八十元的價格實在太便宜了，所以招來了不少顧客上門，讓「創意藥局」一時生意興隆，門庭若市。由於他以不惜血本的方式銷售藥膏，所以雖然藥膏的銷售量越來越大，但幾乎等於賠本在賣。奇怪的是，雖然藥膏這項產品的利潤呈現負數，但整個藥局的經營卻出現了前所未有的盈餘。

因為，前往購買藥膏的人幾乎都會順便買些其他藥品。其他的藥品當然是有利可圖的，藉著其他藥品所帶來的利益，不但彌補了藥膏的虧損，同時也使「創意藥局」的生意做得有聲有色。

松本事業的成功，在於他能夠明確地掌握消費者想買到價格最划算的商品，和習慣一次購足的消費模式。同時，由於他將藥膏賣得異常便宜，讓人信賴這家商店的商品定價是合理的，所以顧客買了該種藥膏後，都願意順便多買一些其他藥品備用。所以運用這種行銷手法時，若能再特別針對顧客的心理、習慣，並對其他商品種類的進貨與定價，進行更合理的安排與配置，相信一定能如「創意藥局」一樣大發利市。

贈品促銷奏效，帶動商品買氣

為了刺激消費者的購買慾，商家往往會採取多種優惠手段來吸引顧客。美國有一家油漆店，開業之初生意並不理想，油漆商特利斯克為了吸引顧客，上門購買他的油漆，於是想出了一個主意。

他先做了一次市場調查，確定一批最有消費潛力的目標顧客後，再準備了五百個油漆刷子的木柄，並將之寄給這些準顧客，同時還附上一封介紹商店各種油漆產品的信；然後請顧客憑信到店裡，就可領取油漆刷的另一半——刷毛頭。結果呢？只有一百多人前來，雖然其中大部分人除了領走刷毛頭外，也順便購買了油漆，但並沒有達到引來大批顧客的初衷。

這次的促銷活動效果雖然不太理想，但畢竟有一點成績。究竟要怎樣吸引更多的顧客前來呢？特利斯克想，也許油漆刷子的木柄扔掉並不可惜，所以它對顧客的吸引力並不大，顧客為此專門跑一趟未必值得。但如果是一把完整的油漆刷，大部分人可能就不一定捨得扔掉了；而且如果想買油漆的話，當然也會想到這間贈送刷子的油漆店；如果我再稍微降價，來購買的人肯定會比從前更多。

於是，他改用了另一種方法。這次，特利斯克給一千多個有可能成為顧客的人郵寄了完整的油漆刷，同時也寄去一封文情並茂的信：

「親愛的朋友，您難道不想好好油漆您的房子，讓貴宅換上新裝嗎？為此，敝店特地贈送您一把油漆用的刷子。

從今天起三個月內敝店特別優惠期，凡是持信函前來敝店的顧客，購買油漆一律八折優惠。請別失去這千載難逢好機會！」

這招拋磚引玉，果然吸引許多人躍躍欲試，準備自己動手粉刷房子。後來竟然有高達七百五十多人來店裡兌換刷子贈品，並掏錢出來挑選購買一罐罐不同顏色的油漆。最後，他們甚至還成為特利斯克的老主顧，油漆店的生意也越來越興隆。

祭出「限量」招數，加速購買決心

對於正在猶豫價錢是否合理，無法下決定心購買的顧客，可以暗示他說：「錯過今天，明天就要漲價了。」當然，「限定」的方法並不僅侷限於時間，也可以運用在數量上。

例如，廣告上可以說：「只送給前五十名的消費者。」、「只有購買現貨才能享受售後服務。」、「只限前三百輛可以享有七折優惠。」利用上述方法，可促使消費者由猶豫轉變為果斷。

「限量商品」也會使消費者產生不買就會吃虧的心理，但如果在其他地方也同樣可以買得到，那麼消費者會產生反正還是買得到的想法，而降低購買的意願。

所以，唯有讓消費者產生「只有一次」或「最後一次」的心理，才會讓消費者立刻下定決心。除此之外，人類還有另一種潛在的心理，那就是需要的渴望。

像高級手錶的銷售策略，常常都是採取少量、多樣的策略。採用限定生產量，譬如每種新款只限量生產一百個。因為現在的手錶又大量又便宜、性能又好，所以，要促使顧客願意掏出高十倍、甚至二十倍的價錢去購買高級手錶，就必須使顧客感覺到「珍貴」。

在汽車廣告詞中常出現這麼一句話：「本款新車產量限定兩萬輛。」只要是出現這類的廣告宣傳，那麼，即使是價錢非常昂貴的新車，也會有人購買。這種限定的方式，總是容易促使對方迅速、果斷地做出決定。

也就是說，要消除資訊過剩的情況，促使人們從思考、疑惑中迅速跳脫出來，進而做出決定，必須要「限定範圍」，幫他們除去「二選一」與「還有」的這種心態。如果對方還存有「還有更好的」預期心理時，那麼就要運用消除「還有更好」的技巧，使他從A和B中，迅速的選擇其一。

另外，不妨運用第三個技巧，就是讓他徹底瞭解其實最適合的「只有這個」。要做到這點，並不是只單純地限定時間，也可限定數量。

以上這些技巧常用在銷售中，可以說是行之有效的方法。

「得不到最珍貴」的逆向銷售法

人們對於事物的態度，是事物越朦朧不清時，反倒越會想要尋求答案的。若是把這種心態運用到銷售上，應該會是個不錯的推銷策略。

某天，一位推銷員在兜售一種廚具。他敲了敲公園巡邏員安徒先生家的門，他的妻子開門請推銷員進去。安徒太太對他說：「我先生和隔壁的路易先生正在後院，他們不一定有興趣。不過，我和路易太太願意看看你的廚具。」

推銷員則回答：「請你們的丈夫也一同到屋子裡來吧！我保證，他們一定也會喜歡我對新產品的介紹。」

於是，兩位太太「硬逼」著他們的丈夫也進來了。

推銷員做了一次極其認真的烹調表演。他用他所要推銷的那一套廚具以小火不加水地煮蘋果，然後又用安徒太太家的廚具以傳統方法加水煮，兩種不同方法煮成的蘋果區別如此明顯，讓兩對夫婦留下深刻的印象。但是男人們顯然害怕他們會貿然買下什麼，因而裝做毫無興趣的樣子。

於是，推銷員洗淨廚具，包裝起來，放回到樣品盒裡，對兩對夫婦說：「嗯，多謝你們讓我做了這次表演，我實在希望能夠在今天向你們提供廚具，但我今天只帶樣品，不過應該沒有關係，也許你們將來才想買它吧！」說著，推銷員起身準備離去。這時兩位先生都立刻表示對那套廚具感興趣，他們站了起來，想要知道什麼時候能買得到。

不過推銷員這時卻語帶誠懇地向兩位男士說明，「兩位先生，實在抱歉，我今天確實只帶了樣品，而且公司什麼時候出貨，我也無法知道確切的日期。不過請你們放心，等能出貨時，我一定把你們的要求放在心裡。」

安徒先生堅持說：「唷，也許你會把我們忘了，誰知道呀？」

這時，推銷員感到時機已到，就自然而然地提到了訂貨事宜。

推銷員：「之前已經有好幾個客戶也是這麼跟我說的，希望我一定要儘快把貨出給他們，為了怕到時新產品供不應求，您們會想先預付訂金以預購一套嗎？如此，公司一出新貨就會幫你們立刻送達。不過這可能還要等待一個月，甚至可能要等兩個月了。」

這時，兩位丈夫二話不說，趕緊掏出鈔票付了訂金。大約六個星期以後，也如願收到了這套新廚具。

人的天性似乎總是想要得到難以得到的東西。在這裡，推銷員只是利用了這個天性，運用了一點銷售心理學而已。這是一種很有效的推銷方法，不過使用這種方法時，請務必記住：對待顧客一定要誠懇老實，千萬不能耍花招。否則顧客會認為你這是欺詐行為，從而對你喪失信任感。

讓人無法拒絕的高帽子推銷術

每個想要說服別人購買自己產品的業務人員，或是善於要求對方接受自己建議的人，都常使用一個讓人難以抗拒的方法，那就是毫不吝嗇的稱讚對方。

有位任職於某大知名雜誌社的編輯，他對說服作家們幫忙寫稿很有一套。不論那些人手上事務如何繁忙，他都有辦法讓那些人答應為他寫稿。其實他的口才並不屬於舌燦蓮花型，但奇怪的是，那些作家總是無法拒絕他的請求。

「當然我知道您很忙，就是因為您很忙，我才無論如何要請您幫個忙，那些過於空閒的作家寫出來的作品，總不見得會比您好。」

根據他所說，這種說法從未失誤過。一般來說，當對方已有很充分拒絕的理由時，若想讓他再接受你的請求是十分困難的。但如果你事先也知道他們會用這些理由來拒絕你，而因此就裹足不前的話，那會更增加他拒絕的想法，於是氣氛就更加緊張，也不用提什麼說服了。但若能運用前述的技巧，先給對方來個高帽子，找出他的種種優點來稱讚，那就會使他不好意思拒絕，也就是巧妙地使對方的「不」，成為「是」的一種高明技巧。

這種心理技巧最適合於用在化妝品的促銷上。當櫃姐在介紹產品給顧客之前，他們心理早有被對方拒絕的準備。有些顧客可能說：「你的東西我已經有了，現在暫時不需要。」來個委婉的拒絕，此時你若處理不好的話可能會惹怒對方。

但如果你說：「您說得很對，況且您的皮膚一看就知道不需要特別的化妝品保養也能保持得很好，像您這樣年輕……」聽到這句話，相信沒有一個女人是無動於衷的，接著你又說：「但是為了防止日曬……」不等你說完，對方的錢包已經打開一半了。

給別人戴高帽，說白了就是使用恭維性的語言，使對方產生一種優越感與滿足感。心理學家就曾指出，當一個人具有優越感與滿足感時，會較容易產生憐憫對方，或不想破壞這種和諧關係的心理，這樣，就有可能做出對說服的一方有利的舉動。

畫出未來藍圖，達成銷售目的

在推銷商品時，難免會遇到非常固執的顧客，作為一個優秀的推銷員，不應立即放棄，而是該想出方法來說服他們。美國有一位經銷《百科全書》的業務員，在上門推銷一套兒童《百科辭典》時，碰上了一位非常固執的太太。她說什麼也不願掏錢為孩子買一部《百科辭典》。

「我的孩子對看書根本就不感興趣，為他花那麼多錢買一部《百科辭典》還不是浪費嗎？」太太說道。

推銷員環顧了一下太太家中的陳設，說道：「太太，我敢擔保，您的這幢房子至少已有五十年以上的歷史了，但它至今仍這樣堅固，想必當初地基一定打得很好。同樣的，要想孩子長大有出息，就得從小打下良好的基礎才行，而我們的《百科辭典》，正是為孩子們打基礎用的。」

「但我的孩子討厭讀書，請你不要逼我花冤枉錢吧！」

「我怎麼會逼您呢？」推銷員柔聲說道：「夫人，熱愛孩子，難道不是母親的天性嗎？如果您的孩子得了感冒，或四肢發育不良，您會對他不聞不問嗎？您一定早就帶他去醫院治療了，就是花再多的錢，您也是願意的，您說對嗎？」

「這又有什麼相干？」太太說。

推銷員這時臉色嚴肅起來：「怎麼會不相干呢？感冒和四肢生了病，這是身體上的病。您有想過嗎？一個人頭腦也會得病，會得到種種看不見的病。孩子的厭讀症就是其中的一種。我們的百科辭典正是醫治孩子厭讀症的良藥。您看，這些書的插圖多漂亮，故事內容多有趣，知識性多麼的豐富呀！為了醫治您孩子的厭讀症，您難道就不願意花這一點錢？您就願意讓他變成一個頭腦簡單、沒有出息的人？哪怕是當作一種智力投資或是培養閱讀好習慣的第一步，您也該為您的孩子買一部兒童《百科辭典》呀！」

「我真服了你了，你真會說，也的確說出我心中的想法！」這位太太露出了笑臉，「每月的分期付款是多少？」她問道。

這位推銷員果然達成目的了。他在對方表示不願購買後，並沒有洩氣，也沒有喋喋不休的說服對方。而是用了一個巧妙的比喻，把話題引開，最後又轉回讓對方買書的重點上，並藉由孩子的未來以說服對方。最後自然成功了。

用幽默說法，巧妙推銷商品

我們在生活中經常會遇到各種各樣的矛盾，甚至是相當棘手的難題，需要去妥善處理。我們的經驗是：「不輕鬆的問題，可以用輕鬆的方式來解決；嚴肅之門可以用幽默的鑰匙來開啟。」同樣的，這也可以用在銷售之上。

曾有位大學生想法靈活、點子很多，個性詼諧幽默，他畢業後選擇當了推銷員，某天他想出一個好主意。

某天他走進一家報館問：「你們需要一名有才幹的編輯嗎？」

「不。」

「記者呢？」

「也不需要。」

「印刷廠如有缺額也行。」

「不，我們現在什麼空缺也沒有。」

「那你們一定需要這個東西。」

年輕的推銷員邊說邊從皮包裡取出一塊精美的牌子，上面寫著：「額滿，暫不僱人。」如此，他輕而易舉的成功售出所推銷的壓克力牌。

美國俄亥俄州的著名演說家海耶斯，三十年前還是一個初出茅廬的實習推銷員。有一次，一個老練的推銷員帶著他到某地推銷收銀機。

這位推銷員身材矮小、肥胖，卻充滿著幽默感。當他們走進一家小商店時，老闆粗聲粗氣地說：「我對收銀機沒有興趣。」這時，這位推銷員就倚靠在櫃台上，咯咯地笑了起來，彷彿他剛剛聽到了一個世界上最妙的笑話。店老闆直愣愣地瞧著他，不知所以然。

這位推銷員挺起身子，微笑著道歉：「對不起，我忍不住要笑。你使我想起了另一家商店的老闆，他也跟你一樣說沒有興趣，後來卻成了我們熟識的主顧。」

而後這位老練的推銷員熱心地展示他的樣品，歷數其優點，每當老闆以比較緩和的語氣表示不感興趣時，他就笑哈哈地引出一段幽默的回想，又說某某老闆在表示不感興趣之後，結果還是買了一台新的收銀機。

旁邊的人都瞧著他們，海耶斯又窘又緊張，心想他們一定會被當做傻瓜一樣趕出去。可是說也奇怪，老闆的態度居然轉變了，開始想搞清楚這種收銀機是否真有那麼好。不一會兒，他們就把一台全新的收銀機搬進了商店，那位推銷員以行家的口吻向老闆詳細說明了使用步驟。這位推銷員運用幽默的力量，果然獲得了最後的成功。

幽默能使你豁達超脫，使你生氣勃勃；幽默能使你具有影響力，使你打破僵局，擺脫困境。幽默更是不可或缺的言語潤滑劑，也是成功者須具備的特質之一，這是有效行銷必不可少的方法之一。

點石成金：行銷，不難！

作　　者　鍾紹華

發 行 人　林敬彬
主　　編　楊安瑜
責任編輯　陳亮均
內頁編排　蘇佳祥（菩薩蠻數位文化）
封面設計　黃宏穎
出　　版　大都會文化事業有限公司
發　　行　大都會文化事業有限公司
11051台北市信義區基隆路一段432號4樓之9
讀者服務專線：（02）27235216
讀者服務傳真：（02）27235220
電子郵件信箱：metro@ms21.hinet.net
網　　址：www.metrobook.com.tw

郵政劃撥　14050529 大都會文化事業有限公司
出版日期　2013年10月初版一刷
定　　價　250元
ISBN　978-986-6152-90-0
書　　號　Success067

First published in Taiwan in 2013 by Metropolitan Culture Enterprise Co., Ltd.

4F-9, Double Hero Bldg., 432, Keelung Rd., Sec. 1, Taipei 11051, Taiwan
Tel:+886-2-2723-5216 Fax:+886-2-2723-5220
Web-site:www.metrobook.com.tw
E-mail:metro@ms21.hinet.net

國家圖書館出版品預行編目(CIP)資料

點石成金：行銷不難 / 鍾紹華 著.
.初版.臺北市：大都會文化, 2013.10
256面；21×14.8公分.

ISBN 978-986-6152-90-0（平裝）

1.行銷管理

496　　102019299